ちくま学芸文庫

軍律法廷

戦時下の知られざる「裁判」

北 博昭

筑摩書房

目次

六　軍罰の執行 ―― 201

図表／ヨシザワスタジオ

軍律法廷　戦時下の知られざる「裁判」

はしがき

軍律法廷《ぐんりつほうてい》？　軍法会議のまちがいではないか、と思われるひともいるだろう。この機関は、研究者どころか、かつて日本の陸・海軍に在籍した旧軍人にも、およそ憲兵や法務関係者をのぞいて、ほとんど知られていない。

軍律法廷は、名称はともかく、古くからあった機関である。戦争下では作戦地・占領地でおもに自国民以外を処断するために、その他の軍の最高指揮官によって設けられてきた。日本でも外国でも、このことは変わらない。

近代の日本では、一八九五年（明治二十八）二月二十三日の「占領地人民処分令」により、日清戦争下に設けられた軍事法院をもってその先駆けとする。終わりはといえば、太平洋戦争下のものとなる。軍律法廷は実際の交戦状態のなかで設置され、その終了とともにその都度廃止されるという性格をもつのである。

ところが、太平洋戦争が敗戦で終わったため、軍律法廷にはそれまでの歴史のなかではありえなかったことが起こる。軍律法廷でおこなわれた審判が、東京の極東国際軍事裁判で、捕虜への不当な扱いとみなされ、戦争犯罪として追及されたのである。そして、関係者がBC級戦犯裁判で実際に処断されたのだった。こうしたかたちにおいてもまた、日本の軍律法廷には終止符がうたれた。

とはいえ、日本ではそうであったとしても、軍律法廷は過去のものではない。戦争があれば、国際法上、現在でも設けうるものなのである。

しかし、太平洋戦争期の軍律法廷にかぎらず、これまで、この法廷に関する研究はほとんどなく、したがって専門書もない。資料集もないにひとしい。一般書もまったくない。軍律法廷を背景とするものに、たとえばBC級戦犯裁判をテーマにした小説、大岡昇平『ながい旅』がある。だが、そのねらいは軍律法廷をえがくことになかった。だから、同書にこの法廷について多くを期待することはできない。叙述には誤りもみられる。日本ではとくに、軍律法廷の実態を検証するのはむずかしい。資料がほとんど残っておらず、さがしてもなかなか突き止められないからである。おもに敗戦時に、徹底して処分されたことによる。作戦地・占領地というおよそ外地に設けられ、おおむね外国人をきびしく処断してきた機関だったためである。

たとえば一九三七年末以降の一年四カ月間に、対中国海軍作戦を担当した支那方面艦隊下の全軍律法廷である第三・四・五艦隊の計三法廷は、被告人二百二十八名のうち、約九四パーセントにあたる二百十四名を死罰《しばつ》にしている（拙著『日中開戦』）。太平洋戦争の終結時、香港地区憲兵隊に勤務していた宮下光盛元憲兵曹長が、「現地の中国人が最も怖れたのは憲兵隊よりも軍律」法廷だった（同氏書簡）と語るのとも通じていようか。

つまり、渡辺幸次郎元憲兵大尉が、「中日戦争中、被占領地区の一般民衆の、日本憲兵に対する気持ちは、恐怖そのものであったであろう」（渡辺『野戦憲兵』）とまでいう「憲兵隊よりも」、軍律法廷は、これを知る中国人には忌むべき存在として映っていたのである。

はたして、その実相はいかがだっただろうか。

ところで、じつはいま、私は、「公判記録」と題するカーボン複写の綴りを手元においている。BC級戦犯裁判横浜法廷におけるいわゆるイトウ・ケースで、被告人のひとりだった片浦利厚元陸軍中尉が裁判の進行中に筆記したものである。

それは、敗戦直前の出来事であった。一九四五年五月十四日の名古屋空襲で、アメリカ軍機搭乗員十一名が捕獲された。かれらは軍律法廷に送られ、死罰処分となった。そして戦後、この軍律法廷の審判にかかわった伊藤信男元陸軍法務少佐ほか三名が、戦犯裁判横浜法廷でその審判の責任を問われたのである。これがイトウ・ケースだった。伊藤元法務少佐は軍律法廷で検察官を務めていた。戦犯裁判では、のちに終身刑に減刑されるが、かれは当初、絞首刑の判決をうけている。

「公判記録」は、文字どおり、戦犯裁判イトウ・ケースの公判のながれを記録したものである。だが、イトウ・ケースで問われたのが捕獲搭乗員十一名への軍律審判の正否だったことから、同時に、被告人伊藤元法務少佐らの供述をとおして、かのときの軍律法廷の実相を詳しく物語るものともなっている。軍律法廷とはなにかを実証するのに、目下のところ、最有力の資料なのである。

このような「公判記録」の類は、はなはだすくないとはいえ、まったくないわけではない。他にも戦犯裁判で裁かれた軍律審判があったからである。しかし、日本国内のものではあるが、かつての軍律法廷の様子を多くえがき出す点で、現在のところ、量的にも質的にもこの「公判記録」におよぶ資料はみあたらない。

外国語でつづられた公的な、ここでの「公判記録」の類もある。軍律審判を戦犯裁判にかけた国の軍による法廷の記録である。だが、それぞれの国が保管しているため、利用するにはさまざまな困難がともなう(1)。

そのうえ、軍律法廷というものには各国をとおして統一的な形式があるわけでもなかった。国によって仕組みも異なる。その国が日本の軍律法廷の組織や制度、あるいは審判手続きをどの程度に理解していたかをふまえないで、外国の資料を用いれば、ミス・リード を招く。その資料自体に、日本の軍律審判について、裁いた側の〝自国語による強引な読み替え〟というバイアスが多分にかかっているからである。

片浦元中尉の「公判記録」は、軍律法廷を追うのにさしあたって第一級の資料である。これとの出会いが本書の執筆を可能にした。

本書において、資料としては、この「公判記録」のほか、戦後、陸軍省を受け継いだ復員庁第一復員局の法務調査部による一九四六年の「軍法会議、軍律会議執行者等の責任」(タイプ印書)や翌年の「防衛総司令部の廃止に伴い同司令部が定めた空襲軍律及軍律会議に関する有無効に就て」(同)などの一次史料をつかう。ちなみに、この三点は、いずれもこれまで紹介されたことのないものである。

こうした資料により、まず第一部では軍律法廷とはなにかについてその大枠をのべ、第二部で具体的な事例としてのイトウ・ケースを手がかりに、陸軍で軍律会議、海軍で軍罰処分会議とおおむねよばれていた太平洋戦争期の軍律法廷の実相にせまってみたい。そして、現在でも設置しうるこの軍事審判機関がどういうものであったか、を確認したい。

その過程で、必要に応じ、軍法会議とのちがいにもふれる。軍法会議とは帝国議会の協賛をえて天皇が定める法律による司法機関だったが、軍律法廷はそうではない。似て非なる準司法機関なのである。

なお、文中の引用文は、かたかなはひらがなに、旧かなづかいは新かなづかいに、漢字の旧字体は新字体に改めた。また、適宜、改行し、ふりがな、句読点もうった。［ ］は補遺である。必要に応じ、プライバシーの保護のために人名表示の文字中の一部を○で表わした。

本書の内容にかかわる軍隊の組織や軍人の位置づけについては、巻末に模式図を付した。参考史料とともに参照していただければ幸いである。

（1）イトウ・ケースについては国立国会図書館憲政資料室でもみることができる。裁いたアメリカ軍側が記録した英文による「横浜裁判再審理記録集」（マイクロフィルム）と「アメリカ極東軍軍法務局資料」（マイクロフィッシュ）に収録されている。

第一部　軍律法廷とはなにか

一　軍律と軍律法廷

1　太平洋戦争下の軍律

軍律といっても、ここでのものは軍隊の風紀や規律のことではない。軍外の所定の対象者に遵守《じゅんしゅ》させるきびしい罰をともなうおきてで、正確には〝実体上の軍律〟（以下、軍律）をいう。交戦下において、作戦地・占領地の軍司令官や艦隊司令長官といったその地の軍の最高指揮官によって定められる。

といっても、もちろん最高指揮官が独断でつくるのではない。司令部内の参謀長、参謀による補佐のほかに、陸軍ではその軍の法務部長、海軍ではその艦隊の司令部付首席法務科士官（一九四二年〈昭和十七〉三月末までは艦隊の司令部付司法事務官）という法務スタッフの主導的な補佐をうけてつくられる。この法務スタッフは、補佐に際し、陸軍省もしくは海軍省の法務局と連絡をとる。

ただ実際には、軍律は司令部内で立案して最高指揮官の許可をえるまでの段階でおよそ決まってしまう。参謀長がオーケーを出せば、最高指揮官はまず口をはさまなかった（拙稿「支那方面艦隊の場合を主とする軍律について」『防衛法研究』第九号）。

軍律を定める目的はなによりも作戦地・占領地の安寧《あんねい》保持にあり、最終的には自軍の安全確保に求められる。安寧や安全が必要とされるのは、その軍が戦闘作戦行動もしくは占領地行政を円滑におこなうためである。

軍律のおもな対象は、自軍の属する国の法令では取り締まれないそれぞれの地の外国人である（中国でいえば、中華民国人は対象となるが、台湾出身者は台湾が大日本帝国にふくまれ日本国籍をもつので原則として対象にはならなかった）。たとえば一般住民、敵国人、「第三国人」（当事国以外の国民）がそれにあたる。まれに、自国の民間人も対象となる。だれを対象とするかはそれぞれの軍律の定めるところによる。

軍律には、国際法にふれる行為と、抑制したい自軍への敵対行為、のどちらか、あるいは両方が規定される。同時に、こうした違背《いはい》行為をなした場合の、死や監禁といった罰則つまり軍罰《ぐんばつ》も規定される。

前者の国際法にふれる行為が war crime、つまり戦争犯罪（戦時犯罪、戦時重罪、戦律罪）である。第二次大戦中までの日本においては括弧内の語が使われていた。たとえば、日本では一九一二年（明治四十五）に批准《ひじゅん》された、一九〇七年の「海戦に於ける捕獲権行使の制限に関する条約」に反して、敵の商船に乗り組んでいる中立国の国民を捕らえたり、やはり同年批准の一九〇七年の「陸戦の法規慣例に関する条約」の付属書「陸戦の法規慣例に関する規則」の禁じる毒兵器をつかう、などがこれにあたる。

戦争犯罪はふつう、現地の一般住民や「第三国人」などの非交戦者よりも、敵国の軍人のような交戦者資格をもつ者によって犯されることが多い。あくまで〝戦闘上〟の国際ルール違反という性格だからである。

一方、後者の、自軍への敵対行為を war treason、つまり戦時反逆罪（敵軍幇助罪、反逆罪）という。軍用の鉄道や電話を壊す、間諜《かんちょう》をはたらく（スパイ行為）、兵器を奪う、といった軍の行動を害する行為である。戦争の法規および慣例つまり国際法に反するものかどうか、といったことには関係ない。これらの行為はすべて、作戦地・占領地の軍からすれば自軍への反逆、つまりは敵への幇助《ほうじょ》となる。

戦争犯罪とは反対に、戦時反逆罪の場合、多くは非交戦者が犯す。もちろん、軍人のように交戦者資格をもつ者であれば、右のような行為はいわば正当な戦闘行為である。処罰の対象にはならない。ただし、間諜は交戦有資格者がおこなっても罰せられる。

戦争犯罪か戦時反逆罪、もしくはその両方を定める軍律に違反すると、そこに規定される罰則、つまり軍罰をもって、その軍律を制定した軍の審判機関により、処断される。後述するように、審判し処断することは国際法の認めるところである。

2 太平洋戦争下の軍律法廷

軍律に違反した者を、その軍律によって処断する審判機関が軍律法廷である。したがって、この法廷は軍律の制定と同じ目的をもって設けられる。すなわち、作戦地・占領地の安寧《あんねい》、つまるところはその地にある自軍の安全保持のためである。

軍律法廷を設けるとき、その拠り所となるのは、審判の仕方をもあわせて規定する〝手続き上の軍律〟（以下、審判規則）である。審判規則は、軍律と同じように、作戦地・占領地の軍の最高指揮官が制定し、軍律法廷はその最高指揮官によって設けられる。軍律の制定も、軍律法廷の設置も、その地の軍の最高指揮官の専権なのである。

審判規則は、これも軍律の場合と同じく、最高指揮官が司令部内の補佐をうけて制定する。この制定は、軍律ともども、軍隊を指揮運用するときの統帥《とうすい》命令をもってなされる。このことからすれば、軍律は統帥事項であり、軍律法廷は統帥機関である。

もっとも、違背行為と罰則を軍律ではなく法令で定め、軍法会議を用いて処断する、という方式もないわけではない（復員庁第一復員局「軍律に関する見解」）。あるいは、違背行為と罰則は軍律で定めるが、処断は軍法会議でおこなう、という方式もみられなくもない（信夫淳平『戦時国際法提要』上巻）。だが日本ではおおむね、統帥命令で軍律と審判規則を制定し、軍律の定める違背行為と軍罰により、審判規則にもとづく軍律法廷で処断する、というパターンをとってきた。

軍律の根拠、および軍律法廷の根拠は、ともに国際法と国内法に求められる。だが、国際法上の根拠となる成文の「陸戦の法規慣例に関する規則」[1]は、日本でいえば明治末期以降のものであった。一九一二年に、母体の条約ともども批准され、発効している。

軍律と軍律法廷は、その名称や形式は異にしても、じつはそれ以前から、多くの交戦下でみられる。そうした国際法の成文化以前の場合の根拠がなにかといえば、それは、国際慣習にあるといえよう。戦闘作戦行動上もしくは占領地行政上の、どこの国の軍隊でも追求せざるをえなかった効率性がうみだした国際慣習である。

国内法上では、日本の場合、軍律と軍律法廷は「大日本帝国憲法」第十一条の天皇の統帥権に根拠がある。一定の計画にしたがって軍の作戦行動を指揮統率する権力が統帥権である。軍律と、軍律法廷の拠り所でもある審判規則を制定する際に用いられる統帥命令は、むろん、この統帥権にもとづく。

このように、軍律法廷は統帥権による統帥機関であることから行政機関としても位置づけられる、軍法会議とは異なる準司法機関なのであった。

一方、軍法会議は裁判機関であり、司法機関である。「大日本帝国憲法」第五十七条の天皇の司法権の発動にもとづく。また、同第六十条にいう特別裁判所であり、直接には法律である陸・海軍軍法会議法によって設けられる。そこで適用されるのは陸・海軍刑法のような法令である。そして、自国の軍人・軍属がおもに裁かれる。

近代日本における本格的な軍律法廷の始まりが、日清戦争下、一八九五年二月二十三日の「占領地人民処分令」にもとづく軍事法院だったことは、「はしがき」でのべた。大本営の制定したこの処分令は、軍律と審判規則を併せもつものであった。

日清戦争下にあっても、軍事法院が設けられるまでは、作戦地・占領地の軍の最高指揮官が適宜に軍律を定め、違反者を処断していた。もっとも、その際には「守るべき戦争の法律慣例は十分に之を守」った、とつたえられている（有賀長雄『日清戦役国際法論』）。

日清戦争以後、日本軍はどの戦争でも軍律を定め、軍律法廷を設けてきた。ここでの「どの戦争でも」とは、日露戦争、第一次大戦中のいわゆる日独戦争、太平洋戦争といった、宣戦や最後通牒という交戦の意思表示のともなう国際法上の戦争である。

軍律法廷は、そうした国際法上の戦争でしか設けられない。とはいえ、そうでない一九三七年（昭和十二）に始まった「支那事変」（閣議決定による日本側の当時の呼称を史料上の用語としてここでは用いる）でも、日本の陸・海軍は軍律法廷を設けている。事実上の戦争だから、というのがその理由だった（拙著『日中開戦』）。

軍律法廷は、「支那事変」期以降、陸・海軍それぞれで呼称が定まっている。おおむね、陸軍では軍律会議、海軍では軍罰処分会議だった。

外国でも、軍律と軍律法廷は第二次世界大戦前からあった。たとえば、独仏（普仏）戦争中、一八七〇年八月、プロシアの第三軍司令官はフランスの占領地域で軍律を布告している。ただし、審判にあたった軍律法廷の名称ははっきりしない。あるいは、ロシアとトルコが戦った露土《ロト》戦争中、ブルガリア地方を占領したロシア軍の司令官により、一八七七年六月に軍律が布告されている。だが、やはり軍律法廷の名称は定かではない。

第一次大戦下でも、軍律が定められ、軍律法廷が設けられた。そして、軍律に違反した者が処断された。ドイツ軍によるイギリス婦人エディス・キャヴェルのケースはその一例である。

彼女はベルギーのブリュッセルにある看護婦養成所の主任だった。ブリュッセルはドイツ軍の占領下にあった。彼女は連合国側の兵士を匿《かくま》い、逃亡させていた。この事実が、軍律にいう戦時反逆罪に問われた。彼女は、占領地司令官ビッシングのもとで軍律審判にかけられ、一九一五年十月十二日に銃殺された。

連合国側、とくにイギリスの憤りはつよかった。しかしながら、一九三〇年代にも通用していた当のイギリスの「陸戦法規提要」には、こうも規定されていたのである（海軍大臣官房『戦時国際法規綱要』）。「占領地住民にして、敵に情報を供給したるものは、戦時反逆として処罰せらるべし」「私人《しじん》に依《よ》り行われたる他の犯罪、例《たと》えば（中略）占領軍に対する陰謀、悪意を以《もっ》てする軍隊誘導、任意の敵軍幇助《ほうじょ》（中略）等は戦時反逆と認めらるべし」。

（1）さらにいえば、この「陸戦の法規慣例に関する規則」の第三款「敵国の領土に於ける軍の権力」にもとづく（拙稿「軍律法廷——第二遣支艦隊の場合を中心として」『防衛法研究』第八号、同「支那方面艦隊の場合を主とする軍律について」『同』第九号）。

二　イトウ・ケースの発端

1　無差別爆撃

太平洋戦争も押しつまった一九四四年（昭和十九）の夏、太平洋上の日本軍の重大拠点地、マリアナ諸島がアメリカ軍に攻略された。サイパン、テニアン、グアムの日本軍は壊滅し、日本本土はアメリカ軍の長距離爆撃機Ｂ29の攻撃圏内にはいった。

アメリカ軍はマリアナに基地を築き、Ｂ29による日本本土への空襲をいそいだ。もっとも、Ｂ29の本土空襲はマリアナ諸島の陥落前からおこなわれている。中国の四川《しせん》省の成都《せいと》基地からのもので、北九州がねらわれた。一九四四年六月十六日が最初の空襲だった。十一月二十四日になって初めて、マリアナ基地発進のＢ29が中島飛行機会社の東京近郊の武蔵野工場を爆撃した。Ｂ29による本土空襲の本格的な幕開けだった。

しかし、まだ、被害はさほどでもなかった。そして、被害のわりには、アメリカ軍に損失が出た。六月十六日には来襲した約三十機のうち、七機が撃墜された。十一月二十四日の空襲では約七十機のうち、五機が撃墜、七機が撃破された（辻秀雄「本土防空と本土決戦準備」『近代日本戦争史第四編　大東亜戦争』）。マリアナ基地の司令官ハンセル准将《じゅんしょう》が、爆撃のねらいを軍需工場に絞っていたからである。国際法で許された軍事目標主義がとられていた。

軍事目標主義をとれば、軍事上の施設や機関以外を破壊してはならず、爆撃に精密さが要求されてくる。いきおい昼間中心の空襲となり、したがって日本軍の迎撃もうけやすくなる。戦果のわりには損害が出てしまうのである。

その戦果をあげるため、マリアナ基地の司令官が替えられた。ヨーロッパ戦線から、ルメイ少将がやってきた。焼夷弾《しょういだん》爆撃の有効性を熟知する将軍であった。市街地のほぼ六割が失われ、十万人弱の死者が出たといわれる一九四三年七月のハンブルグ大空襲は、かれの指揮したものだった。

戦術が改まった。おもに軍需工場のある都市への、焼夷弾による夜間の絨毯《じゅうたん》爆撃になった。軍需工場をもつという点が隠れ蓑《みの》となるが、地域全体にたいする、国際法にふれる無差別爆撃である。一九四五年三月十日の東京大空襲はその象徴といえよう。

日本本土への無差別爆撃の構想は、じつは、ルメイ少将が着任するかなり前からあった。一九九五年三月九日、朝日新聞五十嵐浩司記者はつたえている（「朝日新聞」大阪本社版）。

太平洋戦争当時、日本本土への空爆の方針を検討していた米政府の戦時機関［アメリカ経済戦時評議会］が、B29爆撃機による無差別焼夷弾爆撃が本格化する約二年前の一九四三年二月、日本に対しては「焼夷弾使用」と「一般住民居住地区への大規模爆撃」がとりわけ効果的、と指摘する報告書をまとめていた（中略）。日独を比較し、日本では人口・工業労働力が都市に集中し木造家屋が多いため焼夷弾の効果は「独の数倍」と指摘。軍事関連施設より住宅密集地への爆撃のほうが、戦争経済を疲弊させると、無差別爆撃を評価している。

こうして、日本本土では膨大な数の人やものが焼き払われた。たとえば、内務省の「終戦経緯報告書」は、太平洋戦争中の「一般空襲被害」につき、死者二四万一三〇九名、家屋の全焼（全壊）二二三三万三三八八戸、同半焼（半壊）一一万九二二八戸と記す。戦争終結後の一九四五年九月四日に始まった第八十八回臨時議会での表明である。

2　名古屋空襲で捕らえられた十一名

一九四五年五月十四日、約四百八十機のB29が名古屋市を襲った。この日は夜でなく、朝だった。空襲は一時間半ほどつづいた。およそ二七〇〇トンもの焼夷弾が落とされた。翌十五日の「朝日新聞」(東京本社版)はこう報じる。

マリアナ基地のB29約四百機《ママ》は、十四日朝、紀伊半島より本土に侵入、奈良県中部を通過、琵琶湖南側に出で名古屋地区に侵入、午前七時頃より同八時二十分の間、一時間二十分に亘《わた》り逐次《ちくじ》名古屋市街に侵入、無差別爆撃を加え、午前八時二十五分より同九時四十六分の間に浜名湖方面より相次いで脱去した。爆撃に当っては主として六ポンド焼夷弾を使用し、市街地各所に発生した火災は軍官民の活躍により正午ごろまでには殆《ほとん》ど鎮火したが、昼間、大型機の焼夷弾のみによる大挙市街地爆撃は今回が最初(後略)。

被害状況は記されていない。報道管制がきびしく、「人が死傷したとか、家が何戸焼けたとか、被害の程度は一切書けな」（野村秀雄「新聞は自らの権威を放棄した」『文芸春秋臨時増刊　昭和メモ』）かったためだろうか。

名古屋市防衛局の当時の集計によると、死者は三百三十八名であった。全焼（全壊）家屋は二万一二一一戸、半焼（半壊）家屋は五八八戸だった。うち、工場、学校、倉庫、事務所といった非住家の全焼は一六三七戸、半焼は九〇戸にすぎなかった。まさしく無差別爆撃である。焼失は千種《ちくさ》・西・北・東区がもっとも多く、中村・栄・昭和区がこれにつづいた。南区がいちばんすくなかった。名古屋城の天守閣も焼け落ち、石垣と土台だけになった。

空襲の前日、十三日の夜、アメリカ軍のマリアナ基地では翌日の名古屋空襲の命令が出た。爆撃には焼夷弾を使用すること、高度約六〇〇〇メートルで投下することなどがつたえられた。情報少佐から名古屋の情況について説明があった。

出撃機のうち、二機のみが撃墜された。大本営は八機と発表したが、カイム中尉の搭乗機とシャーマン中尉の機だけだった。それぞれに、十一名が乗っていた。

カイム機は、爆撃後の九時半、名古屋市の上空で高射砲により葬られた。三番エンジンから発火し、左の翼を傾け、およそ九〇〇メートル落ちた。そこで、ちょっと平衡を保ったのち、ふたたび左の翼を下にし、炎上しながら墜落した。マリアナ基地のグアムより発進した機だった。

シャーマン機はテニアンから発進していた。名古屋市にいたる前に、奈良県の上空で戦闘機の攻撃をうけてエンジンを損傷。やがて航続できなくなり、伊勢湾に墜ちた。

両機の搭乗員の大半はパラシュートで脱出した。名古屋市内、愛知県の知多半島、三重県に降下し、カイム機の四名とシャーマン機の七名、計十一名が陸軍に捕らえられた。

シャーマン機からは、ほかに二名が海軍に捕まった。ウォー中尉とメーラ軍曹だった。伊勢湾に降下したため、二時間ほど漂流ののち、海軍の警備艇に拾い上げられたのである。

このことが、陸軍に捕獲された十一名との明暗をやがておおきく分けてしまう。

ウォー中尉とメーラ軍曹は、国際法にいう捕虜として、神奈川県大船《おおふな》町の海軍大船俘虜《ふりょ》収容所に送られた。当時の法令では俘虜といわれていた捕虜は、もともと陸軍の管轄で、陸軍省下の俘虜管理部が担当した。大船の収容所も、陸軍の東部軍管区に属する東京俘虜収容所の分遣所《ぶんけんじょ》ということになっていた。とはいえ、直接の所管は海軍で、実際はここの捕虜は海軍側のものであった。

建て前としては、海軍が捕らえても陸軍へ引き継ぐことになっていたが、現実には、ウォー中尉とメーラ軍曹のように、そのまま海軍であつかうことが多かった。そうなると、およそ陸軍の手はおよばない。

一方、陸軍側に捕まった十一名は憲兵隊へ連行された。捕獲搭乗員はまず憲兵が取り調べる決まりになっていたのである。これは、捕らえた地域を管轄する軍司令官が、防衛に関して憲兵を指揮監督する権限をもっていたことによる。憲兵は軍に有害な行為を取り締まる軍事警察をおもに司《つかさど》るが、空襲もその行為のひとつとみなされたわけである。

取り調べにあたったのは、五個の地区憲兵隊を擁し、愛知県を直轄する名古屋市の東海憲兵隊司令部だった。隊司令部があるため、愛知県には都道府県単位でおかれる地区憲兵隊はなかった。

東海憲兵隊司令部に送られた捕獲搭乗員はつぎのとおりである。エルトン・V・カイム中尉、ケース・H・キャリアー中尉、ジョンセン・R・シェルトン伍長、ジョージ・R・グラサティ伍長、ディン・H・シャーマン中尉、ノーマン・ソロモン少尉、ベンジャミン・W・プリチャード伍長、ジェリー・W・ジョンソン伍長、エヴァン・I・ハウエル伍長、カール・H・マンソン伍長、エドワード・K・ジェントリー伍長。

やがて、この十一名は軍律法廷にまわされ、審判をうけ、全員、死罰に処される。そのときの検察官が伊藤信男陸軍法務少佐であった。そして、太平洋戦争が敗戦で終わると、この関係者はアメリカ軍のBC級戦犯裁判横浜法廷でその審判の責任を問われ、裁かれた。さきに記したように、これがイトウ・ケースだった。

つまり、五月十四日の名古屋空襲にともなうアメリカ軍機搭乗員十一名の捕獲のときに、戦犯裁判横浜法廷のイトウ・ケースは密かに幕を開け始めていたのである。

三　なぜ戦犯裁判にかけられたか

1　軍律法廷とはそういうもの

ＢＣ級戦犯裁判横浜法廷におけるイトウ・ケースの被告人は、伊藤信男元法務少佐のほか三名、計四名だった。一九四八年（昭和二十三）一月二十六日の同ケース（二十二日に開廷、ただちに二十五日まで休廷）の冒頭陳述で、担当のオカナー検事はかれらをきびしく弾劾した。名古屋への無差別爆撃による戦争犯罪人としてアメリカ軍機捕獲搭乗員を処罰したのはむちゃであり、審判にかかわったかれらこそ真の戦争犯罪人である、と。

この戦犯裁判における四名の起訴理由は、捕虜虐待による戦争の法規・慣習違反だった。その審判の検察官であり監禁場長だった伊藤元法務少佐は死刑、審判長の松尾快治元陸軍少佐と、審判官の山東《さんとう》広吉元陸軍法務中尉は二十年の刑、審判官の片浦利厚元中尉は十五年の刑を宣告された。

しかし、伊藤元法務少佐らには承服できない判決だったにちがいない。捕獲搭乗員十一名を軍律法廷にかけたのは、死罰を見越して執行場を設定するなど執行段階での落ち度はあれ、本来の業務ともいえる審判の言い渡しまでは、規定の手続きに沿うものと考えていたからである。

規定に沿うかぎり、たとい審判手続きや宣告罰に誤りがあっても、それにたいしてはせいぜい、検察官なり審判官に行政罰が科されるくらいが妥当なところだった。死刑や懲役、禁固といった刑事罰とはなじまない。

伊藤元法務少佐らは、所定の審判規則にもとづく軍律法廷において、検察官、審判官のポストにつき、職務をおこなった。そこで適用されたのはこれも所定の軍律であった。しかもその軍律法廷は、根拠を「大日本帝国憲法」第十一条の統帥権と国際法である「陸戦の法規慣例に関する規則」におく正規のものだった。

伊藤元法務少佐は、のちに、一九五一年五月二日の手記でこうのべている（拙編『軍律会議関係資料』）。当時かれは、減刑が確定して終身刑となり、スガモ・プリズンに服役中だった。

正規の軍律規定に則《のつと》って行われた裁判を、些細な手続上の瑕疵《かし》（この瑕疵なるものも日本軍としての考え方では不法なものでは決してなかったし、国際法上もこれを不法とする規定は全く存在しない）を理由として、戦勝者の権威によって一方的に否定することは将来に拭《ぬぐ》う可《べ》からざる悪例を貽《のこ》すものであり、その影響たるや決して軽視するを許さない。

正規の裁判が権力に依って勝手に否定され、その裁判関係者が〝不法裁判〟を行ったものとして厳罰されるという、今次戦犯裁判の結果が其《そ》の儘《まま》容認されるにおいては、向後《こうご》一切の裁判が信頼されえざることとなるのであって、裁判関係者の信念に動揺を来《きた》し、裁判の公正が期待されえないこと［に］もなる。このことは国内的にも極めて面白からざる影響を与うるを免れないであろうし、そして、それは延《ひ》いては、仮に将来日本軍が再建さるるが如《ごと》きことありとした場合、重大な障害をなして軍紀《ぐんき》の維持確立を不可能ならしめること必然であろう。

このくだりに関し、同月三十一日、大山文雄元陸軍法務中将も以下のように賛意を表わした（井上忠男元陸軍中佐あて大山書簡）。大山は、名古屋空襲の三年前、無差別爆撃をした捕獲搭乗員へ適用される軍律をつくったときの陸軍省法務局長だった。この軍律を空襲軍律という。

「軍律」及「軍律会議審判規定」に則って正しく審判した事件の裁判官《マ》、検察官等に対して、占領軍の軍事法廷に於《おい》て之《これ》を犯罪視して其《その》責任を負わしたものがあるとすれば、それは到底首肯《しゅこう》することを得ない。此《この》点は、将来、国際法上も国内法上にも厳《げん》に批判されるべき問題と思考する。

伊藤元法務少佐や大山元法務中将の見解は、捕獲搭乗員への審判をふくめて広く軍律審判一般につき、敗戦後の日本がはやくからとっていたものだった。陸軍省を戦後引き継いだ復員庁第一復員局の法務調査部が一九四六年に作成した内部文書「軍法会議、軍律会議執行者等の責任」や「俘虜取扱上の制度に関する研究」(其七)にも、同じ見解がうかがえる。

こうした見解はしかし、アメリカの戦犯裁判には通用しなかった。伊藤元法務少佐らは横浜法廷で有罪となった。また、日本で空襲軍律をつくるきっかけになったアメリカ軍によるドーリットル空襲の隊員を審判した上海《シャンハイ》の第十三軍軍律会議の関係者も、香港を襲って捕まったアメリカ軍機搭乗員のデビット・H・ハウック少佐を審判した香港占領地総督部軍律会議の関係者も、戦犯裁判上海法廷で有罪となっている。オカナー検事の冒頭陳述のことばを借りれば、軍律法廷はそもそも「公正且《かつ》適法な裁判《ママ》をせず」と考えられていたのであった。

アメリカ側に通用しなかったおもな原因は、伊藤元法務少佐の関与したものにかぎらず、いずれの軍律法廷も、審判される者にたいする人権の手続き的保障を欠く、とみられた点にあった。事実、弁護人はつかなかった、審判は公開されなかった、上訴もできなかった。審判の時間も短く、あげくのはてに、科される罰はきわめて苛酷だった。

これらはしかし、じつは太平洋戦争期にかぎらない、古くからの軍律法廷一般の特性なのであった。これは結局、軍律審判というものが自軍の安全をなによりも第一とするところから生じている。

その特性の背景にはまた、軍律法廷の設けられる時期が交戦下、場所は作戦地・占領地であること、したがって審判に時間をかけているわけにはいかない、てぬるい処罰ですますわけにもいかない、という事情も指摘できる。つきつめていえば、この法廷は、威嚇《いかく》により、その地の最高指揮官が戦闘集団である軍の能力をより発揮させるための補助機関なのであった。

しかし、そのようなものとはいえ、一方では、この軍律法廷が準司法機関であることもまた疑いえない事実だった。現代からみれば不十分であっても、理念としての人権の手続き的保障が、まったくないわけではなかった。たとい非弁護、非公開、一審終審制ではあれ、戦時下においても闇から闇へと葬られず、規定された正規の組織と権限をもつ正当な軍律法廷で審判をうけることができるという意味では、保障はあったともいえよう。はなはだ限定的ではあるし、こころもとない。だが、これこそが軍律法廷なのである。軍律法廷とはもともとそういうものだった。

2　審判は不当だったか

アメリカは、戦後、戦犯裁判において自国のとる英米法系の訴訟手続きをもって臨んだ。この手続きでは、検察官と被告人がそれぞれの主張と立証をぶつけあうなかで審理はすすめられる。二当事者対立主義である。だから、被告人を支える弁護人がいなければおよそ審理はすすまない。日本の軍律法廷のような、弁護人なしの審理はまず考えられない。

裁判所は、両当事者の弁論に耳をかたむけ、公平な判決を下すものとされる。徹底した弁論主義である。証人、文書、検証の対象となる物つまり検証物といった証拠方法も厳格である。

戦犯裁判といえども、たとえば伊藤信男元法務少佐ら被告人の権利がいかに保障されているかを示してもみせた。一九四八年二月五日のイトウ・ケースの公判でのことだった。この日、戦犯裁判横浜法廷の傍聴席には女学生の姿が多くみられた。伊藤元法務少佐にたいするオカナー検事の尋問中、切りのよいところで、裁判長のプレース中佐が口をはさんだ。「本日は女学生が沢山《たくさん》見学に来ているから、少し［この裁判の］説明をしてやったらどうか」。オカナー検事はこれに応じた。

> では、私が傍聴人の方に説明を致します。（中略）此《こ》の裁判は、戦時中の日本の将校が戦争法規に違反した為《ため》、裁かれているのです。
> （中略）此の裁判に於《お》ける起訴状の内容は、昭和二十年五月十四日、B29四五〇機が名古屋を空襲した時に落下傘で降下した幾人《いくにん》かの搭乗員が捕獲され、日本の法規《ママ》により裁判《ママ》を受け、翌日、死刑《ママ》に処せられた［という］ものであります。
> 今、此処《ここ》で問題になっていることは其《そ》の裁判が公正でなく、詐《いつわ》りの証拠により裁かれた、つまり公正な裁判を受けることなく殺されたと言うのであります。
> 吾々は、今、此処で行っている裁判を公正ならしむる為に、被告［人］各々に付いて日本の法律家を弁護人としてつけてあります。又、此の裁判を開く命令を与えた当局

は、米国で長く法律に経験のあるマドリックス氏を補佐弁護人として好意的につけてくれました。
又、此の裁判は総《す》べて英語で行われるので、被告［人］等が裁判の進行を承知する為に三名の通訳がつけられました。又、私の前の二名は法廷通訳で、此の美しい婦人は速記者であります。私は此の裁判に於ける検事で、後にいるのは補佐人であります。

この「説明」のねらいは、この戦犯裁判横浜法廷にくらべて、軍律法廷が人権保障を欠き「公正でな」いことを訴えようという反面効果にあったかもしれない。だがそうした見方は、軍律法廷のもつ、さきにのべたような特性にたいする無理解からうまれている。

のちにもふれるが、アメリカ軍には軍律法廷に相当するMilitary Commission＝軍事委員会という機関があった。しかも、戦犯裁判横浜法廷そのものが、アメリカの太平洋陸軍第八軍司令官アイケルバーガー中将を召集官、つまり設立権者とする軍事委員会なのだった。

だから、アメリカ側に日本の軍律法廷の特性がまったく理解できなかったとは思えない。すくなくともイトウ・ケースにおいてみるかぎり、伊藤元法務少佐らの関係者を有罪とするために、アメリカ側は軍律法廷の特性をあえて認識しようとしなかったのだ、ともいえようか。アメリカは、戦争終結のずっと以前にはやくも、捕獲搭乗員への処断は国際法違反であり、処断関係者はいずれ罰する、と表明していたのである。

その表明は、一九四三年四月二十二日付のもので、東京駐在のスイス公使を介してであった。前年のドーリットル空襲隊員にたいする、第十三軍軍律会議による処罰によせての通告だった。

米国政府は、日本政府の米国人俘虜に関する、「「俘虜の待遇に関する条約」の規定を準用するという」其《そ》の約束の他の如何《いか》なる違反に付《つい》ても、若《も》しくは米国人俘虜に対する文明国に依り承認せられ、且《かつ》実施せられ居《お》る戦時法規違反に依る米人俘虜に与えらるる他の如何《いか》なる犯罪的蛮行に付ても、現在進行中の戦闘行為が仮借《かしやく》なき、且《かつ》必然的なる終末に到るに際し、斯《かく》の如き非文明・且《かつ》非人道行為に付、責任ある日本政府官吏に対し、其の当然受くべき刑罰を以て臨《のぞ》むべき旨、茲《ここ》に厳粛に日本政府に対し警告するものなり。

軍律法廷が規定に違反して運営されていたとすれば、この点、アメリカ側から非難されても仕方がなかろう。さらにいえば、無差別爆撃の捕獲搭乗員を戦争犯罪人として処罰する空襲軍律をつくったこと自体を問うというのなら、それはそれで理屈がとおる。事実、日本海軍では空襲軍律を制定せず、捕獲搭乗員を捕虜としてあつかい、軍律法廷にまわさなかったのである。

伊藤元法務少佐らへの戦犯裁判イトウ・ケースにおいて、日本側とアメリカ側のおおきな争点のひとつは、名古屋空襲にきた捕獲搭乗員十一名の身分をどうとらえるか、にあった。

日本側の伊藤元法務少佐らは、空襲軍律にのっとって国際法違反の無差別爆撃をおこなった戦争犯罪人だとし、捕虜とはみなかった。したがって、捕虜に与えられる国際法上の保護の問題は考慮外だった。

もちろん、無差別爆撃をしていない事実が明らかな捕獲搭乗員は、これまでも捕虜としてあつかわれた。伊藤元法務少佐に関していえば、九州の八幡市を空襲したカーマイクル大佐の例がそうである。検察官として取り調べた結果、無差別爆撃の意図のなかったことがわかり、かれを捕虜として処遇するよう処置している。十一名の捕獲搭乗員をあつかう以前の前任地でのことであった。

これにたいし、アメリカ側は、十一名をあくまで捕虜とすべきだったとした。戦闘作戦行動たる名古屋空襲に参加して捕らわれたのだから捕虜だ、と主張した。戦争犯罪になる無差別爆撃はやっていない、とものべた。無差別爆撃として国際的にも非難される「軍事施設及び其の隣接地域」への攻撃ではなく、合法的な戦闘行為と解される「特定の軍事施設」への爆撃だった、と申し立てた。

イトウ・ケースの冒頭陳述で、オカナー検事はまた、「国際法に随って、死刑の場合は九十日以内に執行してはいけない。又《また》執行する場合は中立国に通知せねばならないことになっていたにもかかわらず、全然之《これ》は行なわれ」なかった、と主張した。つまり、伊藤元法務少佐らが審判の翌日に死罰の執行をなし、また中立国である利益保護国への通告をしなかったことをもって国際法違反になる、というのだった。

この見解はしかし、捕獲搭乗員を捕虜とみなければ成り立たない。オカナー検事のいう国際法とは一九二九年の「俘虜の待遇に関する条約」第六十六条の規定である。だが、伊藤元法務少佐らの軍律審判はかれらを捕虜とみなさなかったから、日本側の同元法務少佐らからすれば、この主張もいわれのない非難でしかなかったろう。

無差別爆撃をした捕獲搭乗員は捕虜とみないという空襲軍律のいちばんの思惑は、かれらを処罰することにあった。また、処罰するぞと脅し、空襲にくる搭乗員に心理的抑圧をくわえることにあった。空襲をすこしでも阻止しようという一種の作戦技術で、陸軍が防空の効果をあげるためにした計算であった。だから、捕虜あつかいにしないこととワン・

セットで、処罰するという発想が最初からあったのだった。

こうして、陸軍では一九四二年のドーリットル空襲をきっかけに、捕獲搭乗員を対象にした空襲軍律がつくられた。そのひとつとして、伊藤元法務少佐らの軍律法廷で適用された「第一総軍軍律」もうまれた。そして、この軍律を適用し、かの十一名の捕獲搭乗員を戦争犯罪人として処罰したのであった。

ちなみに、オカナー検事の引いた「俘虜の待遇に関する条約」であるが、日本はこの条約には調印しただけで、批准《ひじゅん》していなかった。そこで、太平洋戦争が始まったばかりの一九四二年一月現在までにおいて、中立国をとおしてアメリカやイギリスなどから、その条約を遵守《じゅんしゅ》するつもりがあるのかどうか、と照会があった。日本は、できうるかぎり準用すると回答した。

この条約は戦後の一九四九年に同名の条約へと受け継がれた。軍隊をもたない日本も一九五三年に加入した。そのころはまだ、自衛隊は揺籃期ともいえる保安隊と海上警備隊の時代だった。だが、この加入にみるかぎり、国際法上、両隊はすでに立派な交戦団体であったといえる。

3　認められた審判もある

軍律法廷の存在そのものを否定するようなアメリカ側の姿勢とはいっても、それは、空襲軍律を適用した捕獲搭乗員の事案に関してだけだったようだ。フィリピンの第十四方面軍でおこなわれた軍律法廷の審判にたいする対応がこのことを物語ろう。

一九四五年二月、ルソン島のバギオで十九名の住民がバギオ憲兵分隊に検挙された。アメリカ軍へ与《くみ》する間諜《かんちょう》容疑だった。取り調べののち、陸軍の第十四方面軍の憲兵隊司令部は、同軍法務部長の西春《にしはる》英夫法務大佐をとおし、軍司令官山下奉文《ともゆき》大将に報告した。

その結果、憲兵隊だけで軍律法廷が開かれた。審判官も、法の専門家である法務部将校はいなくて、憲兵将校のみだった。完全に追いつめられていた当時の日本軍では、審判規則を厳守した軍律法廷の開催はむずかしかった(1)。

検挙された十九名のうち、十名が死罰になった。残りは釈放された。

戦争が終わると、この審判は問題となり、アメリカ軍は戦犯事件として追及した。しかし、結局、起訴にはもちこまなかった。

オーストラリア軍も、ボルネオにいた、やはり陸軍の第三十七軍の軍律法廷関係者を戦犯裁判にかけた。裁かれたのは、軍律会議の長官である同軍司令官の山脇正隆元大将、審判長を務めた前田利光元中佐、審判官をした金沢競《きそう》元中尉、検察官の松本留義《ためよし》元法務大尉の四名だった。いまひとり、被告人になるはずの審判官だった西原周二法務少佐は、戦死してしまっていた。

かれらがかかわった軍律審判は、ボルネオで検挙されたオーストラリア軍のラドウィック中尉ほか二名を間諜として死罰にしたものである。一九四四年二月ごろのことだった。日本軍のサンダカン憲兵隊が取り調べて、同軍軍律会議に事件を送致した。

ラドウィック中尉ら三名は、捕らえられたときの状況や服装などからみて軍人としてあつかわれなかった。軍人が制服を着て偵察や情報収集をなしたのなら、それは間諜とはならない。さきにもみたように、軍人の正当な行為であり、捕まっても捕虜の身分が与えられ、国際法の保護をうける。軍律法廷で処罰することは許されない。

このときの戦犯裁判での冒頭陳述で、検事はこう断定した。山脇元大将ら四名は、「三名の豪《ごう》軍捕虜の裁判《ママ》に関係し、公平無私の裁判を行わず、事件に関し国際法を適用せず、其《そ》の結果、三名の捕虜は不法に処刑《ママ》せられた」（拙編『軍律会議関係資料』）。そして、ドーリットル空襲隊員への軍律法廷の関与者などにたいするような、すでに下っていた戦犯裁判の有罪判決のケースまでも引き合いに出して弾劾《だんがい》した。

判決は一九五〇年十月十八日に出た。全員、無罪だった。第三十七軍のこの軍律審判では、死罪を宣告しようとする際に必要な陸軍大臣の指示を求めていなかったようで、もしそうならば、手続き上の適正さを欠く瑕疵《かし》のある審判だったのだが。

アメリカ軍が問うた空襲軍律の適用事例の場合はともかく、所定の手続きにしたがった軍律法廷の審判は、おおむね戦犯裁判の対象になりようがなかったようだ。たとえば、つぎのような軍律審判の場合、戦後、イギリス側の戦犯委員によるきびしい取り調べがなされたものの、その審判に関して起訴すらされていない。

第七方面軍の軍律法廷で、イギリス軍のイングルトン少佐やオーストラリア軍のページ大尉ほか八名が死罪に処されたケースである。

かれらはシンガポールで謀略活動に従事し、一九四四年十二月下旬までの時点で、日本軍に検挙された。検挙の中心になったのは昭南《しょうなん》水上憲兵分隊だった。この分隊で取り調べがなされたのち、事件は第七方面軍の軍律法廷、すなわち同軍軍律会議に送られた。ここでの取り調べの結果、つぎの事実が認定された（古田博之「虎工作隊ここに眠る」『文芸春秋』一九五七年二月号）。

第一　日本軍占領地に潜入した彼らは、陸軍の作業衣を着用しており、階級章を使用していない。海軍軍人までが一様にこの作業衣を着用しているからには、これは軍の規定した制服と見ることはできない。（中略）［したがって国際法に沿った］正規の軍事行動と認められない。

第二　リオウ群島を変装のまま通過し、変装のままスケッチ等をして偵察行為をした。これは正規の偵察行為ではなく、スパイ［間諜］行為である。（後略）

第三　日本軍哨戒艇《しょうかいてい》を攻撃するに当って、彼らは、船上に日章旗を掲げるという欺瞞《ぎまん》行為をした。（中略）日本軍の標識の下に攻撃を加えたことは、明《あきら》かな違反行為であるから、戦時俘虜［捕虜］たる身分を与えることはできない。

この認定事実が、つぎにイングルトン少佐らにたいする軍律審判の開催をさけえないものにさせた。そして、敗戦直前の一九四五年七月三日、第七方面軍軍律会議が開かれ、十名の被告人たちは全員、死罰となったのである。

そのほか、つぎのような審判の存在も知られている。第十三軍軍律会議で、上海にいたソ連人のウラジミロフなどが間諜として処罰されたケース。ウラジミロフは監禁十五年となった。一九四二年十二月、上海憲兵隊が同軍律会議に送致した事件である。

（1）　陸軍は、同じ二月に「陸軍軍法会議法」を改め、軍律法廷が準じる特設軍法会議では、法務部将校をあてる法務官職の裁判官を、法務部以外の将校でもおこないうるようにしていた。

（2）　指示を必要とする旨の陸軍次官・参謀次長連名の依命通牒《いめいつうちょう》（上級官庁の命令もしくは授権にもとづいて出される通信文書）は一九四四年二月二十一日に出ている。これについてはのちにみる。ただし、ここでの軍律審判がこの通牒よりも前におこなわれたのかどうかは定かでない。前だとすると、むろん手続き上の瑕疵はないことになる。

（3）　軍律法廷の構成員ではなく、検挙や取り調べ、あるいは実際に軍罰の執行にあたった憲兵が戦犯裁判にかけられ、有罪となることはままあった。

四　外国の軍律法廷

1　軍事委員会

すでにのべてきたように、交戦下において、作戦地・占領地の軍は、軍人のような国際法上の交戦資格者、および一般住民といったおもに非交戦者を取り締まる規則を制定することができる。この規則が軍律であった。

太平洋戦争下の日本でいえば、「空戦法規案」の禁ずる無差別爆撃という戦争犯罪（war crime）に焦点をあわせた空襲軍律、一九四五年（昭和二十）の「第一総軍軍律」もそのひとつである。また、間諜《かんちょう》行為ほかの、おもに戦時反逆罪（war treason）を定める一九四一年の「連合艦隊軍罰令」や一九四二年の「南方軍軍律」がそうであった。「空戦法規案」とは、一九二三年にアメリカや日本など六か国間で調印されたが、どの国も、当時も現在もなお、未批准のままのものである。しかしながら、これは今日までずっと国際法上の目安とされている。

軍律に反すれば、その規定にもとづいて処罰される。これは国際法の許すところであり、そうすることで、作戦地・占領地の治安、ひいては自軍の安全を確保しようというのである。

しかし、軍律にかかわる自軍の安全に関する事案は、軍の司法機関である軍法会議ではまず裁けないことになっている。軍法会議はおよそ、自国の軍人と軍属の、それも国家の制定した法律の定める犯罪を管轄するだけである。

ここにおいて、軍律にふれる人と行為につき、審問をおこなう機関が必要となってくる。これが、軍律法廷というものであった。

イギリス軍ではおおむね、Military Court under Martial Law と称されていた。

アメリカ軍にも、軍律法廷同様の機能をもつ機関は古くからあった。アメリカ普通法戦争裁判所といって、一七八七年の合衆国憲法制定以前にすでに存在していた。これが、のちに Military Commission、つまり軍事委員会と称されるようになるものである。同委員会は慣行として存在し、制定法によって容認された機関であった。

一八六三年にリーバーが編纂したアメリカの陸戦法規の第十三条には、軍事委員会のことがはやくも規定されている。軍事委員会は、「交戦の普通法」に「係るもの即ち〔国内〕法律の規定に依り軍法会議の管轄に属せざるもの」を管轄する、と。

この規定にみるかぎり、軍事委員会を軍律法廷と読み替えることも可能になる。ここでの第十三条によせて、アメリカの軍事委員会は他の国の軍律法廷にあたるという見解が、日本では一九四三年に出ている(信夫淳平『戦時国際法講義』第二巻)。

アメリカには、このように、実態としての軍律法廷はあった。そして、日本陸軍省の法律顧問ともいうべき陸軍書記官だった藤田嗣雄は、第二次世界大戦前の一九三四年の時点で、アメリカ占領軍司令官は「占領軍に損害を与え、又は戦時国際法に違反したる者を裁判すべく軍事法廷(Military Commission and Provost Courts)を設置することを得べし」とのべている(藤田『欧米の軍制に関する研究』)。

にもかかわらず、ここで、戦犯裁判横浜法廷における伊藤元法務少佐らへのイトウ・ケースに目をむけてみると、どうしたことか、そこでは、日本の軍律法廷の解釈をめぐり、検事、弁護人、裁判官のあいだで混乱が生じているのである。なぜか、Military Commission もしくは Military Commission and Provost Courts という名称は思いうかばなかったようだ。なお、横浜法廷自体が Military Commission であったことは、さきに記した。

結局、三者の話し合いにより、Military Tribunal と表わすことで落ち着くのである。一九四八年一月三十日の公判でのことだった。

しかし、ここで使われた Military Tribunal は、軍事裁判所と訳され、アメリカの法律では軍法会議と憲兵裁判所、それに軍律法廷にあたろう軍事委員会をもふくむ概念である。軍律法廷を表わすのにふさわしくない。

まして、一九四六年には、アメリカ軍のドイツ占領地域で固有の Military Tribunal が設けられてもいるのである。もっとも、これは、ニュルンベルグ国際軍事裁判以後、この裁判以外の、軍法会議では管轄しえない、戦犯裁判をおこなうという意味で、いわば軍律法廷的な機能をもつ機関ではあったのだが。

軍律法廷の構成や手続きは、ときには管轄までも、時代や国によって異なる。この異なるかたちのみに目を奪われてしまえば、軍律法廷と Military Commission ないしは Military Commission and Provost Courts を重ねあわせる考えはうかばない。

軍律法廷の本質は、交戦下で、司法機関である「軍法会議の管轄に属せざるもの」を管轄すること、および司法権を担わない軍の最高指揮官が設置権をもつこと、に求められる。そして、この二点はアメリカの軍事委員会＝Military Commission の基本でもあった。この軍事委員会はやはり軍律法廷に相当しよう。日本でも、軍事委員会に似た名称を用いたこともあった。日露戦争時の、陸軍の第四軍に設けられた審判委員会がそれである。

ちなみに、軍法会議はどこでもCourt Martialと表現される。courtはふつう、司法権の作用に属する裁判所の場合につかう。とはいえ、さきにみたように、イギリスの軍律法廷はcourtを用いていた。しかしそれは、under Martial Lawという条件つきだった。軍法会議にはこうした限定句はない。たんにcourtだけである。そこに、準司法機関として位置づけられる軍律法廷と、司法機関である軍法会議の性格のちがいをうかがうことができる。

2　戦争犯罪への対応

宣戦布告や最後通牒による国際法上の戦争か、それらのともなわない事実上の戦争かはともかく、国際間の武力紛争はこれまでにも多くあった。これからもまた、ありつづけるだろう。

そして、この武力紛争のあるかぎり、作戦地・占領地では戦争犯罪や戦時反逆罪が生じよう。とすると、作戦軍・占領軍も、その地の安寧を、つまるところ自軍の安全を確保するために、それらへの対策を考えていくだろう。

ほどなくふれるが、現在の国際法上でも、戦争犯罪をおこなったとみなされる交戦者は、軍律法廷に送ることができるようになっている。ちょうど、名古屋空襲で捕らえられた十一名のアメリカ軍機搭乗員のケースがそうだったように。

一九七五年に終わったベトナム戦争でも、北ベトナムは、北爆に参加したアメリカ軍機の搭乗員を捕獲した場合、処罰すると発表した。

北爆は非軍事目標への攻撃であり、右の十一名のときと同じように、国際法上の目安である「空戦法規案」違反の戦争犯罪になる。こう考えて、搭乗員たちには捕虜の身分を与えずに罰する、というのがその理由だったのだろうか。

あるいは、戦争犯罪者であっても捕虜として遇されるが、処罰はできるとする「捕虜の待遇に関する千九百四十九年八月十二日のジュネーヴ条約」、いわゆるジュネーヴ第三条約（捕虜条約）の第八十五条にもとづくものだったのだろうか。

北ベトナムが仮に処罰にいたる場合、呼称はともかく、審問機関としてはまず軍律法廷にあたるものが推測されよう。捕虜となったのちの違法行為を原則的に管轄する軍法会議は、それ以前になされた戦争犯罪を処罰することにはなじまない。

ともあれ、実際には、報復措置をとると声明したアメリカの強い姿勢におされたためか、処罰は実行されなかったようだ（香西茂ほか『国際法概説』）。

一九七八年になって、「国際的武力紛争の犠牲者の保護に関する追加議定書」つまりジュネーヴ条約の第一追加議定書が発効した。その第四十四条第三項により、戦争犯罪を犯した交戦者でも、戦闘服を着るなど一般住民とは意識して着衣や装具などを異にしていれば、以後、捕虜としてあつかうことが決まった（わざと紛らわしく装った場合は交戦者とは認められない）。つまるところ、捕虜として遇されるには、外見上、戦闘員とみなされることが必要なのである。

捕虜は国際法の保護下におかれ、軍律法廷の管轄外となる。このかぎりでいうと、現在では従前にくらべて、軍律法廷に送られる者の範囲は狭められた。

しかし、その範囲内の者は送られうるのであり、捕虜でも戦争犯罪をおこなった者は、右の一九四九年の捕虜条約によって処罰できるのである。さらには、非交戦者がおもに犯す戦時反逆罪も起こりうるのであれば、戦争がある限り、軍律法廷の出番がなくなったというわけにはいかない(1)。

（1）現在の、国際連合の決議にもとづく国際刑事裁判所（旧ユーゴスラビア戦争犯罪法廷、ルワンダ戦争犯罪法廷）も、戦争犯罪に対処する機関である。しかし、たとえば設置の時期や場所、設置権者、あるいは即応性、即効性といった点で、軍律法廷とは性格を異にする。

五　軍律法廷と自衛隊

交戦者にも非交戦者にも、いまなお軍律法廷は制裁機関として有効であるが、日本において想定する場合、国際法上は、「陸戦の法規慣例に関する規則」の第三款「敵国の領土に於《お》ける軍の権力」が軍律法廷の設置根拠となる。この規則を付属書にもつ「陸戦の法規慣例に関する条約」は一九〇七年に調印された。日本は調印ののち、一九一二年（明治四十五）に批准《ひじゅん》し、公布した。その条約は、付属書である規則とともに、いまも国際法としていきている。日本も加盟国のままである。

「戦時における文民の保護に関する千九百四十九年八月十二日のジュネーヴ条約」つまりジュネーヴ第四条約（文民条約）の第六十六条も、軍律法廷を設置する根拠となりうる。この条約には、日本は一九五三年（昭和二十八）に加盟している。ポイントは、その条規中の「占領」や「軍事裁判所」をどう解釈するか、にある。

第六十四条第二項に基《もとづ》き占領国が公布した刑罰規定に違反する行為があった場合には、占領国は、被疑者を占領国の正当に構成された非政治的な軍事裁判所に引き渡すことができる。但し、この軍事裁判所は、被占領国で開廷しなければならない。上訴のための裁判所は、なるべく被占領国で開廷しなければならない。

このように、国際法上、交戦下の作戦地・占領地で軍律法廷を設けるのは許される。日本でも、いまのべたように「陸戦の法規慣例に関する条約」やジュネーヴ第四条約に加盟していることから、国際法上は、理屈からいえば軍律法廷の設置は可能になる。

だが、もちろん、現代の日本では国内法上の問題がある。「大日本帝国憲法」第十一条の統帥権にもとづいて、最高指揮官が軍律法廷をかつて設置していたように、現憲法下でも、各地の軍の最高指揮官に設置権を与えることができるかどうか。純然たる立法技術面だけからいえば、これは、国内法令でいずれにでも規制できるといえよう。

もっとも、軍隊のない日本の場合、これは自衛隊において想定するしかない。外敵と戦うのを主目的とする国家の武装集団を軍隊とみるなら、自衛隊は軍隊でもある。実際、国際法上は軍隊としてあつかわれることが多い。

現在、自衛隊には、訴訟ほかに関する事務を取りあつかう部門がすでにある。陸上・海上・航空の各幕僚監部監理部の法務課、陸上自衛隊各方面総監部総務部の法務課、同じく陸上自衛隊各師団司令部の一機関としての法務官がそうである。

方面総監部法務課だけは法令事項にたずさわらないが、幕僚監部法務課は法令の調査・研究、師団司令部法務官は懲戒に関する法令の適用指導にもあたる。とはいえ、これらはあくまで司法部門ではなく、行政部門である。

どの部門に配置されるのにも、各人に司法試験パスといった法曹資格はいらない。この点、法曹資格を要件とする陸軍法務部将校あるいは海軍法務科士官を配していた旧日本軍の法務部門とは異なる。

自衛隊のそれらの部門には、佐官クラスの自衛官が、まれには事務官も配置される。ただ、法務官のポストだけは陸上自衛官にかぎられる。

じつは、軍事司法制度の研究も、自衛隊はずっと以前からおこなっている。一九六三年に陸上幕僚監部法務課がまとめた「軍事司法研究資料」としての『各国軍刑法集』、翌年の同資料『陸海軍軍法会議法集』、翌々年の同『各国比較軍刑法』は、その一例である。

一九六三年のいわゆる「三矢《みつや》研究」にも、「防衛司法」の項目がうかがえる。三矢研究とは、朝鮮半島での有事を想定し、防衛庁統合幕僚会議がおこなった「昭和三十八年度統合防衛図上研究」の秘匿名《ひとくめい》である。
もっとはやい、一九五八年の自衛隊文書でも、たとえば「軍事裁判所の問題」としてつぎのようなくだりがみえる（防衛研修所「自衛隊と基本的法理論」）。「自衛隊法」による自衛隊ができて四年目のことである。

一般裁判所を設置しつつ、特別裁判所としての軍事裁判所を設けるが軍事裁判所を終審裁判所とするや否や、軍事裁判所の管轄権をいかなる範囲において認むるや（民間人の軍事犯罪、軍人の民事犯罪などの取扱に、一般裁判所との競合問題の解決）、軍刑法、刑事訴訟法の特例等の解決も要する。

一九六四年には、軍律法廷にふれる軍法務関係の文書もまとめられている。陸上幕僚監部法務課の「旧軍の軍事司法制度について」である。ふれる量はすくないが、当時からすでに、自衛隊が軍律法廷に関心をもっていたことがうかがえよう。
現在、自衛隊には、軍隊であればその一要件ともいわれる軍法会議のような司法機関はない。もちろん軍律法廷ないしその類の準司法機関を設けることもできない。これは、たんなる立法技術上の問題とは異なる、自衛隊の事実としての厳とした枠である。

自衛隊に軍律法廷の設置は認められない理由は、軍律法廷は交戦下に設けられるのに、日本政府が交戦権の行使を否認しているためである。さらには、国際法はもともと敵地に開設するものと定めるのに、その前提となる海外派兵をしないと表明しているからにほかならない。すなわち、防衛庁防衛審議官（法制担当）だった安田寛元防衛大学校教授の説によれば、さきにみたジュネーヴ第四条約（文民条約）第六十六条の「適用の「場面」がないということ」（同氏書簡）に帰するからである。

第二部　名古屋空襲の軍律審判

一　無差別爆撃は戦争犯罪

1　ドーリットル空襲

一九四二年（昭和十七）四月十八日の正午すぎだった。とつぜん、東京の永田町にある陸軍省へ高角砲の発射音が響いてきた。その音とほぼ同時に、空襲警報が出た。〇時二十八分だった。日本本土が初めて爆撃されたドーリットル空襲である。

アメリカの航空母艦ホーネットから発進した十六機の中型爆撃機B25が東京、横浜、名古屋などを襲ったのち、着陸予定地だった中国浙江《せっこう》省の麗水《れいすい》飛行場をめざして飛び去った。発進したところは、東京を一二〇〇キロほど離れた太平洋上だった。ホーネットはサンフランシスコちかくのアラメダ基地より出港していた。真珠湾から出港し、合流した航空母艦エンタープライズが僚艦だった。

この襲撃は、指揮官がドーリットル陸軍中佐だったことから、ドーリットル空襲とよばれる。麗水飛行場をめざしたB25のうち、一機が江西《こうせい》省の南昌《なんしょう》付近に墜落し、一機が浙江省の寧波《ニンポー》付近に不時着した。その付近はどちらも、日本陸軍の支配下にあり、支那派遣軍下の上海《シャンハイ》に司令部をおく第十三軍の守備地域であった。両機各五名、計十名の搭乗員のうち、八名が捕獲された。

かれら八名は東京の防衛総司令部に送られた。同総司令部は、防空に重点をおき、日本国土の防衛にあたっていた。送られたのは参謀本部の指示だった。空襲は同本部の担当する作戦事項なのである。取り調べには、外国人の尋問には慣れているからということで、東京憲兵隊の特高第一課があたった。防衛総司令部の委嘱だった。その結果、「帝国本土を空襲せる米機搭乗者取調状況に関する件報告」が憲兵司令官の中村明人《あけと》中将から参謀総長杉山元《はじめ》大将に出された。五月二十六日付である。

参謀本部は最初から、みせしめのために厳罰処分にする腹でいた。空襲をすこしでも抑止しようという思惑である。憲兵司令官の報告も「厳重に処分すべき」、であった。しかし、処罰となると、軍政事項にかかわる。参謀本部の独断は許されない。参謀本部は陸軍省に話を持ち込んだ。

当初、陸軍省は処罰には反対だった。八名を捕虜、つまり国際法の保護下にある者としてあつかおうとした。しかし結局、陸軍大臣東条英機大将は杉山参謀総長による直接交渉で処罰に同意する。東条大将は、なによりもアメリカで抑留されている在留邦人へのしっぺ返しをおそれ、反対していたのだった。

ともあれ、東条陸軍大臣は処罰のための規則をつくれと下命する。八名のドーリットル空襲隊員をふくめ、広く、今後予想される捕獲搭乗員を対象とした規則である。これまでこうした規則はなかった。このままでは、ドーリットル空襲隊員のような捕獲搭乗員も捕虜としてあつかわざるをえなくなる。捕虜は国際法の保護をうける。さきにみた一九四九年のジュネーヴ第三条約（捕虜条約）第八十五条のような国際規定はまだなく、処罰できないのである。[1]

したがって、捕獲搭乗員を処罰しようとする場合、かれらに捕虜の身分を与えてはならないことになる。捕虜としないで処罰するには、根拠となる新たな規則が必要だった。名分も求められる。陸軍大臣の下命はこのような背景をもっていたのである。

処罰規則の形式としては、法令ではなく、軍律が採用された。参謀本部がいい出したことのようだった（拙稿「空襲軍律の成立過程」『新防衛論集』第五四号）。陸軍大臣や参謀総長と話し合った陸軍省法務局の局長大山文雄法務中将も、軍律でいくのに異存はなかった（同上）。法務局とは、陸軍当局への法的補佐機関である。

処罰は、将来の捕獲搭乗員にたいしては別だが、ドーリットル空襲隊員へは事後に定めた規則による遡っての処断となる。爆撃をされたとき、その規則はまだなかったからである。法令というものでは遡及処罰は許されない。近代刑事法にいう刑罰不遡及の原則に反する。だから、軍律でいくことになったのである。

軍律は military regulations といわれる。しかし、regulation＝規則というよりも order＝命令の性格が強い。軍隊指揮官により、軍の指揮・統率上の必要に応じて任意に制定されるからなのである。

こうした軍律のかたちをとる処罰規則であれば、ドーリットル空襲隊員にたいし、かれらの空襲後に制定される事後の処罰規則であるにもかかわらず、遡っての適用も許される、と陸軍当局は判断したのだった。以上は、陸軍省法務局の上席局員としてこの軍律の制定にかかわった、沖源三郎元法務大佐の証言（沖氏書簡）である。当時、かれは法務中佐だった。

ところが、である。太平洋戦争後の一九四六年九月、陸軍省を継承する復員庁第一復員局はこうのべている（「軍律に関する見解」）。「陸軍中央部は遡及適用したのではないと見解した」。なぜなら、ドーリットル空襲のような無差別爆撃すなわち「「戦争」犯罪が処断せらるる事は国際法上認められた事であって、之《これ》を実行したに過ぎないからである。而《しこう》して、事後に制定されたものは単に処断手続きに過ぎない」のだ、と。

たしかに、国際法は無差別爆撃を禁止する。無差別爆撃とみなされればドーリットル空襲は、そのかぎりで違法である。しかし、禁じるのと同時に罰則規定を設けていなければ、事後に罰則を定めて処罰することはできない。近代刑事法でいえば、これも、刑罰不遡及の原則・事後法の禁止ということである。だから、右の見解はじつに苦しい。

しかし、苦しいのを承知のうえで、第一復員局がこじつけたのは、すでに始まっていた連合国側による極東国際軍事裁判の、行為が違法ならばのちに罰則を設けて処罰してもかまわない、という論理を逆手にとってのことだったといえるかもしれない。

2　空襲軍律の制定

ドーリットル空襲をきっかけとし、捕獲搭乗員の処罰に関する軍律の作成作業が始まる。まず、陸軍省の軍務局の要請で、法に関する知識と技術をもつ同省法務局が草案をつくった。ドーリットル空襲は無差別爆撃であって国際法に違反する、というのが前提だった。

襲われた東京ほかで、死者約五十名、全焼（全壊）家屋およそ一〇〇戸といった被害が出ていた。名古屋では、国民学校の児童が校庭で銃撃をうけてもいた。これは無差別爆撃である。

法務局は、こうした無差別爆撃は、前にものべた一九二三年調印の「空戦法規案」にいう、軍事上の施設や機関以外への攻撃を禁じる軍事目標主義に反する、と解した。

そして法務局は、「空戦法規案」の軍事目標主義にふれる無差別爆撃は国際法違反であり、戦争犯罪になるとみなした。戦争犯罪の処罰は国際法の認めるところである。したがって、無差別爆撃の事実があれば、ドーリットル空襲隊員も、以後に捕獲の考えられる搭乗員も、処罰できると結論した。捕虜のあつかいにすれば国際法下におかれ、当時では処罰できなくなってしまうため、国際法違反を理由に、捕虜とみなさないことにしたのである。

一方、軍事目標のみを攻撃した者つまり無差別爆撃をしていない捕獲搭乗員は、捕虜として遇するようにした。かれらは国際法にふれていないからである。だから、戦争犯罪者とはならず、国際法の保護をうける。

こうした理解のもとに、法務局は国際法の「空戦法規案」と「陸戦の法規慣例に関する規則」を参考にし、軍律の草案を条文のかたちでつくりあげる。その中心になったのが、さきの沖源三郎法務中佐だった。一九二八年の東京帝国大学法学部の卒業で、高等試験司法科試験に合格していたかれは、同年に陸軍の法務部門へすすんでいる。同試験行政科試験にもパスしていた。
ドーリットル空襲のとき、沖法務中佐は陸軍省内の「食堂で各局長各課長等と昼食」（沖氏書簡）をとっていた。法務局勤務九年目の上席局員だった。上席局員とは他局での課長にあたる。このころの法務局に課の編制はなかった。上司としては局長の大山文雄法務中将がいるだけで、上席局員が法務局の実務上のかなめだった。局長の統轄のもととはいえ、草案作成の中心となったのもうなずけよう。

軍律の草案ができると、これを叩き台に、沖法務中佐の上席局員室で二、三回の合議がもたれた。司会もかれだった。軍務局、兵務局、俘虜管理部、参謀本部などの主務者が参集した。主導したのは軍務局の軍事課と参謀本部の作戦課だった。

合議ののち、法務局の手で軍律草案が改めてまとめられた。合議に参加した各部局の印もとられ、草案は成案になった。沖法務中佐は、決裁をえるために、これを陸軍大臣東条英機大将のところへ持参した。ここで、成案が一か所だけ修正された。死罰一本だった軍罰を緩和し、監禁罰がくわえられたのである。これは、大臣の意見だった。

こうして、軍律の条文は確定する。しかしこれは、あくまで案文である。軍律を定める権限が各占領地・作戦地の軍の最高指揮官にあったことはすでにのべた。

陸軍省と参謀本部は、案文つまりはモデル案ができると、各軍にその軍律すなわち、いわゆる空襲軍律を制定するよう指示した。空襲軍律とは、敵機の捕獲搭乗員のみに適用される軍律である。

一九四二年七月二十八日、陸軍次官から陸密《りくみつ》第二一九〇号「空襲の敵航空機搭乗員の取扱に関する件」が発せられた。関東軍・支那派遣軍・南方軍という外地の各総軍の総司令官、内地の防衛総司令部総司令官と各軍司令官あてである。これは、捕獲搭乗員への処罰の基本方針を提示したものだった。

同日にはまた、参謀次長からも、参密《さんみつ》第X号（番号不詳）と参密第三八三号第一「空襲の敵航空機搭乗員取扱に関する件通牒《つうちょう》」が出された。陸軍次官のものと異なり、ともに、空襲軍律のモデル案と、この軍律の制定を各作戦地・占領地に広く告げるための布告案を送付するものだった。

全六条からなるモデル案には付則があった。「本軍律は昭和〇〇年〇〇月〇〇日より之《これ》を施行す」とされ、ついで、「本軍律は施行前の行為に対しても之を適用す」とし、まだ軍律がなかったときに起きた事案へも遡って軍律を適用する、という遡及適用を明示する文言が記されていた。

参密第X号は関東軍・南方軍・防衛総司令部の各総参謀長あて、参密第三八三号第一は支那派遣軍の総参謀長あてだった。後者は、大本営直属の第八方面軍下の第十七軍の参謀長にも届けられた。この両号の内容は、モデル案と布告案を送付するための同じもので、異なるのはあて先だけだった。

陸密第二一九〇号と参密第三八三号第一にもとづき、支那派遣軍では自軍の空襲軍律である「敵航空機搭乗員処罰に関する軍律」を制定・施行した。一九四二年八月十三日で、これが日本で最初の空襲軍律である。

その付則には、モデル案にあったのと同様の遡及適用の文言がはいっていた。これにより、中国の南昌・寧波付近で約四カ月前に捕獲されたドーリットル空襲隊員の処罰も可能になった。

八名の同空襲隊員は、この空襲軍律ができたことにより、支那派遣軍下の第十三軍の軍律法廷すなわち第十三軍軍律会議(2)で遡及処罰されることになる。捕まった場所が第十三軍の守備地域内だったからである。

ドーリットル空襲隊員への処分は大本営が公表した。一九四二年十月十九日のことだった。この日、おもに日本本土を守備範囲にもつ軍隊である防衛総司令部の総司令官も、自軍の空襲軍律として「空襲の敵航空機搭乗員の処罰に関する軍律」を布告した。付則に、遡及規定が定められていたのはいうまでもない。同総司令官は同時にまた、審判規則である「空襲の敵航空機搭乗員に関する軍律会議実施規定」を制定し、東京の防衛総司令部と隷下の各軍に軍律法廷を設けた。

防衛総司令部および隷下の各軍には、これまで軍律法廷はなかった。軍律法廷というものは作戦地・占領地にしか設けえない。であれば、この法廷に関するかぎり、日本本土も作戦地あつかいになったわけである。

復員庁第一復員局も、太平洋戦争の終結後、空襲をうけていた当時の日本本土は作戦地だったといっている（「軍律に関する見解」）。「日本内地に於て地上戦闘を予期する場合」と「領海内に於て海上戦闘を予期する場合、若《も》しくは日本上空に於て空中戦闘を予期する場合」の「何《いず》れかの条件を充足《じゅうそく》すれば、作戦地と認め」ていたのだ、と。

しかし、本土を作戦地とみても、そこに軍律法廷を設けうるか、ということになれば国際法上の問題が残る。国際法の「陸戦の法規慣例に関する規則」第三款が想定する設置場所は、「敵国の領土」においてのみである。作戦地であっても、日本本土は「敵国の領土」ではない。陸軍はこれをどう処理したのだろうか。残念ながら、この点、はっきりしない。

陸軍は当初から、捕獲搭乗員の処罰には空襲軍律を用いる、と決めていた。であれば、軍律を適用できる機関はもともと軍律法廷のほかにはない。ここから、「敵国の領土」云々とかかわりなく、この軍律と一体をなす当然のものとして軍律法廷が設けられたのだろうか。

あるいは、端的にこんな理屈であったのかもしれない。交戦中、自国の領土に、侵害者を管轄する審判期間を設けることが必要となることもありうる。この場合、敵の侵害をうけた側は自国の領土にこの機関を設置するよりほかにない。安田寛元防衛大学校教授の見解である（同氏書簡）。

なお、海軍に空襲軍律がなかったことはすでに記したが、これは馬場東作元海軍法務中佐の証言にもとづく（拙稿「空襲軍律の展開」『防衛法研究』第一二号）。かれは陸軍の沖法務中佐と同じ東京帝国大学法学部の出身で、高等試験司法科試験の合格者であり、一九三三年に海軍の法務部門にはいっている。かれの法務局勤務は翌三四年からつづくもので、陸軍が空襲軍律を制定した一九四二年現在、法務少佐で海軍省法務局にいた。

かれはさらにいう（同右）。陸軍にくらべて海軍では陸上の作戦地がすくなく、占領地域も狭かった。したがって、陸軍ほどには無差別爆撃をうけるおそれがなかった、と。

だから海軍では、無差別爆撃をおこなった敵機の搭乗員を捕らえても、軍律法廷へまわしようがなかった。名古屋空襲で海軍大船俘虜収容所へ送られたウォー中尉とメーラ軍曹がそうであったように、捕虜としてあつかった。むろん、さきにのべたとおり、捕獲後、海軍が事後処置を陸軍に託してしまえば話は別である。

3　第十三方面軍軍律会議と軍法会議

一九四五年五月十四日の名古屋空襲で捕らえられたアメリカ軍機搭乗員十一名は、やがて第十三方面軍の軍律法廷で処断されることになる。空爆先は名古屋市、捕獲された場所は名古屋市内、知多半島、三重県と、この軍の権内だったからである。同軍は名古屋市に司令部をおく東海・北陸地方を担当区域とする作戦軍であった。

この軍律法廷つまり第十三方面軍軍律会議は、東海軍軍律会議といわれることも多い。第十三方面軍がしばしば東海軍と称されたためである。しかし、この東海軍というのはいまひとつ、東海軍管区をさすことがすくなくない。だから、いきなり東海軍軍律会議とだけ聞けば、第十三方面軍のものなのか、東海軍管区のものなのか、たいていは判断に迷ってしまう。

そこで、いささか横道にそれるが、方面軍と軍管区について簡単にふれておく。東海軍軍律会議が第十三方面軍に所属するわけをはっきりさせておくためである。

一九四五年の春、といえば、日本本土への連合国軍の進攻はもはや時間の問題とみられていたときだった。大本営は防衛総司令部を廃し、四月八日、北海道を除く東日本担当の第一総軍、西日本担当の第二総軍、本土陸軍航空担当の航空総軍、の編組の命令を出した。本土防衛に備えるために、これまでの戦闘序列が変更されたのである。

同月十五日、編成は完了し、本土の新しい作戦組織はうごき始めた。東海・北陸に展開する第十三方面軍は、東北地域の作戦を受けもつ第十一方面軍と関東・甲信地域の作戦を担う第十二方面軍とともに、第一総軍下に配された作戦軍であった。

方面軍（Area Army）とならんで、それぞれの方面軍の作戦担当地域には軍管区（District Army）が設けられていた。連合国軍の上陸作戦を前に、本土の兵備を作戦部隊と管区部隊に分け、作戦部隊である方面軍を戦闘作戦行動のみに専念させるためで、両Armyとも、この年の二月六日からである。

軍管区は方面軍のような作戦軍ではなく、警備や補充といった管区業務に従事する部隊であった。たとえば、第十二方面軍に対応するのは海軍大船俘虜収容所のところでふれた東部軍管区であり、ここでの第十三方面軍では東海軍管区である。

しかし方面軍と軍管区は、組織を異にするとはいえ、方面軍司令官が軍管区司令官を、方面軍参謀長が軍管区参謀長を兼ねていた。方面軍司令部員と軍管区司令部員も、多くは兼務だった。司令部庁舎も同一であった。

第十三方面軍と東海軍管区においても、もちろんそうだった。だから、第十三方面軍と東海軍管区は混同されやすいのである。たしかに、ふたつは二位一体であって、双方ともに、東海軍とよばれることも多い。だが、あくまでも両者は別組織なのである。

以上を念頭に、話を軍律法廷にもどそう。すでにみたように、この法廷を設けうるのは作戦軍・占領軍のみであった。とすると、軍律法廷は作戦軍である第十三方面軍には設けられても、管区業務をおこなう東海軍管区には、とくに規定のないかぎり、設置できないことになる。したがって、原則的には東海軍管区軍律会議というものは存在しえない。東海軍軍律会議といえば、これは第十三方面軍軍律会議をさすのである。

さて、この軍律会議により、名古屋空襲で捕獲された十一名のアメリカ軍機搭乗員は、おおむねつぎのようなプロセスを経て処断された。

かれらはまず、憲兵隊つまり東海憲兵隊司令部で取り調べをうけた。同司令部は東海軍管区に配置されていた。といっても、この軍管区に所属するものではない。憲兵の総元締めである東京の憲兵司令部に隷属していた。すなわち、東海憲兵隊司令官は憲兵司令官の直接の指揮のもとにあった。

しかしながら、直接の指揮・隷属関係にはなかったものの、同時に憲兵は、さきにみたように第十三方面軍と東海軍管区の司令官から防衛事項に関して指図（区処）をうけることにもなっていた。敵機捕獲搭乗員のあつかいはこの事項のひとつであった。だから、防衛事項を介して指図関係にある東海憲兵隊司令部が軍司令官の所管に属する十一名への取り調べにあたったのである。

取り調べののち、かれらの事件は、無差別爆撃という空襲軍律違反の容疑で第十三方面軍軍律会議の検察官へ送致された。

検察官は、捜査報告など憲兵隊からの一件記録を精査し、かれらを改めて取り調べた。その結果、裁判でいえば起訴にあたる審判請求をするのがよいとして、第十三方面軍の軍律法廷の長官である同軍司令官にその旨を報告した。陸軍大臣ほかとも連絡がとられた。検察官はつぎに、長官の命令により、第十三方面軍軍律会議に審判請求をなした。

起訴といわずに審判請求と称するのは、軍律法廷が司法機関でないためである。軍律法廷が統帥機関、準司法機関、行政機関として位置づけられることはすでにのべた。その他の用語についてみても、以後、適宜記していくが、たとえば公訴状は審判請求状(海軍は審判請求書)、公判は審判、公判廷は審判廷、公判調書は審判調書、判決書は審判書と表わされる。

捕獲搭乗員たちは審判請求ののち、第十三方面軍軍律会議の審判をうけた。そして、無差別爆撃すなわち空襲軍律違反の事実を認定され、軍罰を言い渡された。刑罰といわないのは軍律が法令ではないことによる。最後に、検察官の指揮でその軍罰の執行をうけたのである。

空襲軍律違反という戦争犯罪の疑いがあっても、ある時点で、それが晴れた者はそのときから捕虜の身分をえる。一九四四年現在、「一国の兵力に属する戦闘員又は非戦闘員が敵に捕えられたる場合には、（戦時犯罪［戦争犯罪］又は其他《そのた》の犯罪を犯したる場合に非《あら》ざれば）俘虜の取扱を受くるの権利を有《ゆう》す」といわれていた（立作太郎『戦時国際法論』）。国際法に抵触する戦争犯罪でさえなければ、ジュネーヴ第三条約（捕虜条約）をもつ現在と異なり、当時はこうみなされていたのである。

疑いが晴れて捕虜として遇されうるある時点とは、捕獲、捜査・取り調べ、審判請求につづく審判、のいずれかの段階である。晴れれば、俘虜収容所へ送られ、国際法の保護をうけることになる。

当時の俘虜収容所は軍管区に属し、軍管区司令官が管理していた。東海軍管区には、第十三方面軍司令官の岡田資《たすく》中将が兼ねる東海軍管区司令官のもとに名古屋俘虜収容所があった。所長は大竹道二中佐だった。いくつかの分所も設けられていた。

十一名の捕獲搭乗員のように疑いがなくならず、軍律法廷で最終的に、空襲軍律違反・戦争犯罪と認定された者だけが処断された。

軍律法廷と似て非なる軍法会議は司法機関であり、設けるのに軍隊指揮官の関与する余地はまったくなかった。第十三方面軍と東海軍管区でも、双方に設置されていた。第十三方面軍臨時軍法会議と東海軍管区臨時軍法会議である。ただし、職員は兼務だった。ここにも、方面軍と軍管区の二位一体性が表われている。

第十三方面軍軍律会議の職員もまた、軍法会議の職員が兼ねていた。交戦下だけにおかれる臨時機関である軍律法廷は、同じ処断機関ということで、軍法会議に準ずるのである。

太平洋戦争の末期、高等軍法会議を除いて陸軍ではすべての常設軍法会議は閉鎖され、特設軍法会議のうちの臨時軍法会議になっていた(3)。なお、第十三方面軍や東海軍管区は戦時に編制された部隊なので、こういう場合は、「陸軍軍法会議法」上、もともと臨時軍法会議が設置される決まりであった。

普通裁判所の大審院にあたる高等軍法会議が常設のままだったのは、戦争が終わり、平時に復したときへの事務処理上の配慮からであった。また、高位の将官、そして陸軍教授といったうちのやはり高位の勅任文官や勅任文官待遇者を対象とする被告事件を裁く可能性もあってのことだった。

陸軍軍法会議の臨時軍法会議化すなわち特設軍法会議化は、おもに人手不足に起因する。この背景には、戦局の暗転があった。敗戦前夜にあって、弁護・公開・上訴を規定する常設軍法会議を開き、手間をとられているわけにはいかないと考えられたようだった。特設軍法会議では、弁護人はつかない、公判の公開もない。一審終審制で、上訴も認められないのである。このきびしい訴訟手続きは、軍律法廷にも準用された。

海軍では一律的な特設軍法会議化はなかった。とはいえ、海軍省法務局内で、内々の試案の作成はあった。陸軍のうごきに対応したもので、一九四四年夏のことだったという。同局員としてこの試案にかかわったさきの馬場東作元法務中佐の証言（同氏談話）である。しかし、局全体の同意にまでいたらず、実現しなかった。海軍は結局、常設軍法会議と特設軍法会議を並立させたまま、太平洋戦争の終結をむかえる。

（1）　捕虜の身分をえたのちの違法行為は、軍法会議で裁かれる。

（2）　第十三軍軍律会議は、「支那事変」中から設けられていた。空襲軍律ができるまで、この法廷では一九三九年の「支那派遣軍軍律」だけが適用されていた。

（3）　根拠は、一九四四年七月の「在内地の陸軍軍法会議の措置に関する件」である。もっとも、この時点までに、外地の全部と「内地」の一部の常設軍法会議はすでに臨時軍法会議に切り替わっていた。

二　捜査機関としての検察官

1　捜査の始まり

まず憲兵が調べる

一九四五年五月十四日の名古屋空襲で捕らえられたアメリカ軍機搭乗員十一名は、四、五日間、名古屋市の東海憲兵隊司令部で取り調べをうけた。

その結果、無差別爆撃による空襲軍律違反の嫌疑が認められた。前章でのべたように、嫌疑が晴れていれば、捕虜の身分をあたえられ、大竹道二中佐を所長とする名古屋俘虜《ふりょ》収容所へ送られたはずである。捕虜は当時、公式には俘虜とよばれていた。

五月の十九日あるいは二十日に、東海憲兵隊司令部はこの事件を第十三方面軍軍律会議へ送致した。すなわち、陸軍司法警察官（下士官以上の憲兵）より、同軍軍律会議の検察官あてに事件送致書が送られた。届いた時点で事件送致ということになる。

事件送致とは、裁判でいえば起訴にあたる審判請求のことではない。捜査機関である陸軍司法警察官が、捜査を終えたあとの処置として、事件を当該の軍律法廷の検察官に移送することである。

事件送致書には無差別爆撃の犯罪事実も記載され、十一名への憲兵調書や十四日の空襲による被害調書が付されていた。受け付けたのは同軍律会議の事件係だった。その係が浜口栄一法務准尉であったか、保管係の佐藤義男法務曹長が兼ねていたかははっきりしない。事件係は受理報告をつくり、憲兵隊司令部からの一件書類を同軍軍律会議の伊藤信男法務少佐に届けた。受け取った伊藤法務少佐は、それを、上司である第十三方面軍法務部長岡田痴一《ちいち》法務大佐のところへ持参した。

受理を決裁した岡田法務部長は伊藤法務少佐にこの事件の担当検察官を命じた。同法務少佐はこうして、捜査機関の検察官として十一名の取り調べにあたることになる(1)。

しかし、伊藤法務少佐に検察官を命じた岡田法務部長は、正式の任命権者ではない。法務部門における最高責任者として指示したのである。正式には、第十三方面軍司令官の岡田資中将が、同軍軍律会議長官として伊藤法務少佐を検察官に発令するかたちになる。つまり検察官を決め、かつ任命するのは軍律法廷の長官の役目である。

軍律法廷では、設置したその軍の最高指揮官が長官となる。軍律法廷は、実質上、この長官のもとにおかれる。長官は軍隊指揮官である。とすると、軍律法廷は軍隊指揮官のもとにある、ともいえる。この点、軍法会議でも同じであり、常設と特設とを問わず、軍律法廷と同様の長官がおかれていた。[2]

岡田法務大佐の務める法務部長というのは、その軍の法務部門の最高責任者であり、軍法会議でも上席検察官を務める。だから、実務上、伊藤法務少佐を担当の検察官に命じたのである。ただし、この場合、捜査機関としての検察官であって、裁判でいう公訴機関としての検察官ではない。岡田法務部長のすぐ下には上席部員の北村利弥《としや》法務少佐がおり、伊藤法務少佐の序列はそのつぎだった。

なお、担当検察官を命じられた伊藤法務少佐は、当時、かなりの職務をかかえていた。軍律法廷を設けている第十三方面軍にかぎってみても、同軍の法務部員と軍法会議法務官、拘禁所長を兼ねていた。そして同時に、第十三方面軍軍律会議の検察官と審判官、それに監禁場長を命じられてもいた。この検察官とここでの担当検察官の意味は異なるが、このことはのちにふれる。

第一総軍の軍律に照らす

第十三方面軍の軍律法廷つまり同軍軍律会議の設置根拠は、この軍の上級軍である第一総軍の審判規則「第一総軍軍律会議規定」に求められる。その第二条は、「軍律会議は第一総軍及第一総軍司令官の隷下《れいか》の方面軍（以下、方面軍と略称す）に之《これ》を設《もう》く」と定めている。十一名の捕獲搭乗員に適用された軍律も、第一総軍の空襲軍律「第一総軍軍律」だった。第二条中の「隷下の方面軍」とは、第十三方面軍のほか、第十一と第十二方面軍をいう。

審判規則も軍律も、その制定権はそれぞれの軍の最高指揮官にあったから、こうしたやり方に問題はない。しかしながら、方面軍が大規模な作戦軍であることから、方面軍司令官も自軍用の審判規則と軍律を制定することはできた。にもかかわらず、第一総軍下の各方面軍が総軍の制定した審判規則と軍律にしたがったのは、なによりも各方面軍において軍律審判上の不整合をきたさないためであった。

一九四八年四月二十一日、戦犯裁判横浜法廷で第十三方面軍司令官だった岡田資元中将は、自分にかかわる、のちにふれるオカダ・ケースの公判でつぎのように供述している（オカダ・ケースの共同被告人である成田喜久基《きくもと》元陸軍大尉による法定筆記。以下、成田メモ）。ちなみに、前月の二十九日にも、陸軍次官だった柴山兼四郎元中将が同じ趣旨の証言をおこなっていた（同上）。

［第一は、］軍律は方面軍の性格上、方面軍で作るべきものである。それを本土決戦であった関係上、第一総軍で代りに作ったという格好になっている。仮に之《これ》が命令の一《ひとつ》の形式を以《も》って第一総軍から出たとしても、方面軍としてはそのままを決定的に受入れる必要はないのです。第二は、軍律を実地に運営する手続きを規定したのが審判規定、実施規定である。軍律を運用する主体は当時方面軍である。私の所で運営する、実行するのである。従って審判規程は当然方面軍司令官、私が作るべきものである。だから、その［第一総軍が］作った真意は統制の意味であって、方面軍司令官である私の意志を甚《はなは》だしく束縛するものではないのです。

第十三方面軍で用いられた第一総軍の「第一総軍軍律会議規定」と「第一総軍軍律」は、一九四五年春に廃止された防衛総司令部の審判規則「空襲の敵航空機搭乗員に関する軍律会議実施規定」と空襲軍律「空襲の敵航空機搭乗員の処罰に関する軍律」を受け継ぐものであった。(3)

2　検察官職の資格

陸軍では法務部将校

第十三方面軍軍律会議では、審判規則「第一総軍軍律会議規定」の第五条により、検察官には法務部将校または兵科将校があてられた。

兵科将校とは戦闘に直接参加する将校をいう。陸軍では歩兵・騎兵・砲兵など、海軍では航海・水雷《すいらい》・砲術などの戦闘兵科の士官である。陸軍の経理部・獣医部・法務部といった各部将校、および海軍の主計科・軍医科・法務科ほかの各科の士官は、ともに兵科将校と同じく士官と称されるが、海軍の場合、将校ではなく、将校相当官である。陸軍の各部将校も、実態は将校相当官だった。

兵科将校が検察官を務めるのは、特設軍法会議の手続きにならったものだろう。交戦下に一時的に設けられるのが軍律法廷で、一方、戦時・事変という非常のときにやはり臨時に設けられるのが特設軍法会議であった。この類似性から、軍律法廷はとくに審判手続きの面で特設軍法会議をモデルとしたのである。

臨時・非常あるいは緊急といった性格上、特設軍法会議では、法の専門家である陸軍法務部将校、海軍法務科士官の足りない場合に備え、陸・海軍軍法会議法であらかじめ、検察官の職務を兵科将校もなしうるようにしていた。第十三方面軍軍律会議の検察官のポストに関する「第一総軍軍律会議規定」第五条は、これに準じたものといえる。

ただし、軍律法廷の場合、陸軍では「第十六軍軍律審判規則」第三条のように法務部将校、海軍では「連合艦隊軍罰処分令」第四条のように法務科士官だけが検察官を務めることにしていた審判規則もあった。むろん、法の専門家だからである。

では、その専門家を欠くときはどうするのか。じつは、どの軍の審判規則も、右にみた兵科将校をもってする補完措置をもつという、特設軍法会議に準じた規定を設けて、最初から手をうっていたのである。この規定についてはのちにふれる。

陸軍法務部将校・海軍法務科士官は法の専門家であった。両者とも、高等試験司法科試験（受験に学歴不問）に合格した司法官試補の有資格者でなければならなかった。かれらは陸・海軍の法務部門を担う軍の司法官なのである。

伊藤法務少佐は、内務省に勤務しながら一九三五年に日本大学法学部の夜間を卒業している。三九年に、司法官試補の資格をもって陸軍の法務畑にはいった。当時、陸軍法務部将校・海軍法務科士官はまだ文官の時代で、陸軍法務官・海軍法務官と称していた。ただ、法務畑にはいったとしても、すぐに陸・海軍法務官になれるわけではない。

法務畑へはいるには、まず高等試験司法科試験にパスして司法官試補となる資格をえる必要がある。そして、陸軍または海軍法務官試補の採用試験に応募し、合格しなければならなかった。採用されると、奏任官待遇の陸軍もしくは海軍法務官試補となり、所定の実務修習を経て、その後に初めて、陸・海軍法務官に任官できるのである。これが任官へのオーソドックスなコースであった。

任官時の官等は、奏任官で中尉相当の高等官七等だった。奏任官とは、勅任官の下位の高等官で、武官の階級でいえば上から大・中・少佐の佐官、大・中・少尉の尉官をいう。伊藤法務少佐がはいったころは、司法科試験に合格しただけでなく、大学の法学部卒業者でなければ陸・海軍法務官試補には採用してもらえなかった。すでにみたように馬場東作法務少佐とさきの沖源三郎法務中佐は東京帝国大学法学部の卒業であり、伊藤法務少佐の上司である法務部長の岡田痴一法務大佐も京都帝国大学法学部の出身だった。いずれも司法官試補の有資格者である。

伊藤法務少佐は、一九三九年一月に陸軍法務官試補に採用されると、東京の第一師団軍法会議付を命じられた。六カ月間の実務修習ののち、陸軍法務官に任官。広島の第五師団軍法会議法務官に補されている。

一九四二年四月一日、陸・海軍法務官は武官制に移行し、陸軍法務部将校・海軍法務科士官となった。

武官制をとったときの法務部将校・法務科士官の初任官等は、陸軍または海軍法務中尉だった。ただし、陸軍には、予備役にかぎって法務少尉がおかれた。初任官等が陸・海軍ともに法務中尉だったのは、文官期の初任官等である高等官七等が中尉に相当したことによる。陸軍法務部将校・海軍法務科士官の最高位は、いずれも法務中将であった。

陸・海軍法務官試補だった者は陸・海軍法務中尉に任官し、陸・海軍法務官だった者は当時の官等にしたがい、おおむね同じ官等の陸・海軍法務中尉から同法務中将までの法務部将校・法務科士官に任用された。伊藤は奏任官で大尉相当の高等官六等になっていたので、陸軍法務大尉に任官した。

一九四三年には、陸・海軍ともに、現役の場合にも、法務少尉ができた。これには、司法官試補の有資格者でありながら、大学を卒業していない者が任官した。なお、このとき同時に、陸軍は、法学部出身かどうかを問わず、大学卒業者は法務中尉に任官できるように改めた。海軍は、法務少尉を設けるまでは、学歴に関係なく、最初から法務中尉に任官させていた。いずれのケースも、司法官試補となりうる資格が必要なのはいうまでもない。

陸軍法務官および同試補からの転官ではなく、初任の場合、陸軍法務部将校になるには二つのコースがあった。法務部見習士官から出発して現役の法務中尉または同少尉に任官

するコース、さきにふれた予備役の法務少尉へ学歴に関係なく任官する法務部甲種幹部候補生からのコース、である。(4)

海軍法務科士官への初任コースはひとつだけだった。法務見習尉官を出発点に、現役の法務中尉あるいは同少尉に任官するのである。ただ、任官者は定年まで現役で勤務する永久服役士官と二年後には予備役となる二年現役士官に区分された。なお、海軍では法務少尉へ任官した者はいなかった。理由は不明だが、大学卒業以外の者も法務中尉に任官している。

一人前の軍の司法官になるまでには、所定のカリキュラムに沿った実務修習も課せられた。陸軍の予備役法務少尉要員は法務部甲種幹部候補生のときだった。それ以外の現役の陸・海軍法務少・中尉要員である法務部見習士官もしくは法務見習尉官出身者は、少・中尉への初任がはやいために任官後におこなった。後者の場合、このときの身分は、「実務修習中の法務部将校」「実務修習中の法務科士官」といわれる。文官期でいえば、陸・海軍法務官試補にあたる。

陸・海軍の法務担当者は、このように、高等試験司法科試験合格つまりは司法官試補となりうる資格を条件とし、実務修習を終え、一人前の軍の司法官として初任される。プロセスとしては司法省下の司法官と同じである。この軍の司法官が、軍法会議では裁判官・

検察官・予審官となり、軍律法廷の審判官・検察官、あるいは予審官を兼務した。

軍の処断機関といえば、とかくむちゃくちゃなイメージが先行しがちである。その性格上、「カンガルー裁判」（一二一ページ註（2）参照）のそしりも拭い去れないだろう。だが、軍法会議・軍律法廷が以上のような法の専門家によるそれなりの制度・組織だったことも事実なのである。

伊藤が検察官に命ぜられる

第十三方面軍軍律会議の審判過程の話にもどろう。伊藤法務少佐は、法務部長の岡田痴一法務大佐から命じられ、捜査・取り調べの検察官となる。対象はもちろん、名古屋空襲の捕獲搭乗員十一名であった。最初の尋問のとき、捕獲搭乗員を拘禁するために、まず勾留状が発せられたはずである。ただ、実際にはどうだったか、判断できるだけの材料がない。

相手方は十一名と多数である。ひとりでの担当は容易ではない。そこで、伊藤法務少佐は法務部長の岡田法務大佐にそのことをつたえた。その結果、法務部に配されていた見習士官が臨時の検察官役として手伝うことになった。

東京帝国大学法学部出身の星野芳実《よしみ》法務部見習士官ほか一名であった。かれらは任官前とはいえ、司法官試補の有資格者である。法の知識はそれなりに備えている。このふたりの法務部見習士官が、捜査・取り調べを分担・補佐した。伊藤法務少佐がその職務に着手してからのことだった。

しかし、この態勢はそのまますすむことがかなわなかった。通訳が足りなかったのである。対象となる捕獲搭乗員はアメリカ人なので、ことばが通じないことにはどうしようもない。当初は、臨時の検察官役であるふたりの法務部見習士官につく通訳もいたが、最終的に確保できたのは、ひとりの通訳だけであった。

伊藤法務少佐をいれて三人の検察官側にたいし、通訳はひとり。検察官側のふたりが余る。結局、検察官役だった法務部見習士官を外さざるをえなくなり、伊藤法務少佐だけが捜査機関としての検察官を務めることになった。法務部見習士官たちの始めていた捜査・取り調べの分は、伊藤法務少佐が自分のものとあわせて続行した。

通訳は、日本名を新本《あらもと》敏夫（雄）といい、名古屋市郊外の守山《もりやま》に展開していた第二十八部隊の上等兵だった。東京外国語大学の前身の東京外国語学校に在学中、一九四四年一月に徴集された朝鮮出身の学徒兵であった。

伊藤法務少佐は、取り調べの途中からあらたに通訳をさがさなければならなくなった。第十三方面軍の参謀部から借りていた通訳全員が、同部の都合で引き上げてしまったのである。かれは通訳を求め、ほどなく、第二十八部隊に通訳のできる兵のいることを知った。それが新本上等兵だったわけである。

伊藤法務少佐から同部隊に連絡がとられ、新本上等兵が所属の中隊長から通訳にいくよう命じられたのだった。新本上等兵は、こうして、捜査の段階から搭乗員たちの最後の処罰の執行段階まで通訳を務めることになる。

このあたりの経緯につき、一九四八年二月三日の戦犯裁判イトウ・ケースの公判で、伊藤法務少佐はこう語っている。文中の「岡田少将」は法務部長の岡田法務大佐をさす。一九四五年六月十日に法務少将へ進級していた。

> 私が岡田〔法務〕少将から担任〔検察官〕を命ぜられて、一旦、自分〔の〕部屋にもどりました。然《しか》し、彼が急いでやれと言ったから岡田少将のもとに再び行って、被告人の数が多いので応援を依頼したところ、星野、谷野の両〔法務部〕見習士官等と分担してやるように指示を受けた。次に通訳の選定をしました。それは参謀部情報班に通訳兵〔が〕二—三名いたのを聞いていたから班長の岡田少佐に依頼した処《ところ》、「自分の班も忙しいから極《きわ》めて必要な時だけにしてほしい」と言われた。始めて私が搭乗員を調べたのは六月の初旬でした。通訳は参謀部の兵隊でした。同じ頃、星野、谷野両検

察官〔役〕もはじめていたようでした。訊問が数日続いた後、岡田少佐から「通訳をかえしてほしい」と言ってきたので困っていると、事務室で或る日、誰かが「憲兵隊では廿八部隊の通訳兵を使っている」ことを話していたのを思い出して、廿八部隊の副官に、必要なときその兵隊を貸してほしいと電話し、許可された。それが最後迄通訳をつとめた荒本敏夫《ママ》です。（中略）星野、谷野両検察官〔役〕はもともと私と併行に調査を進めるように〔岡田法務〕部長から命ぜられていましたが、通訳が一人になった為に部長に報告すると、「それでは君一人でやれ」と言われました。

捜査機関としての検察官は、伊藤法務少佐ただひとりとなった。以後、かれの手だけで、アメリカ軍機捕獲搭乗員十一名にたいする捜査・取り調べはすすめられていく。

3　取り調べ

録事の立ち会い

捕獲搭乗員十一名への空襲軍律違反容疑の事件送致をうけ、第十三方面軍の軍律法廷はうごき出す。検察官伊藤法務少佐の取り調べが始まった。

十一名は、第十三方面軍と二位一体をなす東海軍管区の司令部に勾留されていた。取り調べは、一九四五年の六月二日から二十日までつづいた。場所は法務部の庁舎だった。

捕獲搭乗員がひとりずつ取り調べられた。担当検察官は伊藤法務少佐だけだった。それに、佐藤（のち、種木）義男法務曹長ほか一名の録事《ろくじ》と通訳の新本敏夫上等兵がついた。調べられる側と調べる側をあわせて五人が取調室にいたわけである。

録事は、おおむね普通裁判所の書記にあたる。書類の調整や送達の事務に携わる。あるいは、取り調べや処分に立ち会う。軍法会議の録事が兼務した。

録事には、法務部の武官である士官・准《じゅん》士官・下士官があてられた。すなわち、録事は職であって、つぎにみるような階級すなわち官をもつ武官がこの職についた。職と官のちがいはわかりにくいが、たとえば、陸軍省の軍事課長という職には、大佐という階級つまり官をもつ者があてられる、というようなものである。

録事の職につく法務部の武官には、ちょうど取り調べの始まる前日の六月一日から、それまでの陸軍録事が転用された。つまりは録事の武官制導入によるものであって、文官だった陸軍録事という官が廃止され、この日に、武官をあてる録事という職が設けられたのである。ちなみに、海軍でも、陸軍よりすこしはやい半月前の五月十五日に、やはり文官だった海軍録事を廃し、武官をあてる録事の職を設けていた。

陸軍の法務部には、同じ六月一日、最上位を法事務少佐とし、以下順に、法事務少尉までの法事務将校という士官、法務准尉《じゅんい》の准士官、法務曹長から同伍長までの下士官、および兵が新設された。陸軍録事だった者は、このときの官等におおむねあわせた下士官以上の階級をえた。第十三方面軍法務部には録事として、さきの佐藤義男法務曹長、浜口栄一法務准尉、それに二名の法事務少尉が配された。

録事の武官制により、以後、陸軍法務部・海軍法務科には二系列の軍人が存することになった。伊藤法務少佐のような法曹資格をもつ法の専門家と、そうではない事務方である。普通裁判所でいえば、裁判官・検事と裁判所書記の関係といえよう。のちにみるが、同じときに、警査《けいさ》という職を担当する事務方の軍人もできている。なお、武官制と同時に、陸・海軍の録事は、それぞれ陸軍または海軍司法警察官としての職務もおこないうるようになった。他の陸・海軍司法警察官である者と同様に、捜査権をあたえられたのである。これ以外の職務内容は、文官のときと同じだった。

陸・海軍司法警察官といえば、まず憲兵の士官と下士官があげられる。かれらが取り調べ・捜査をおこなうのは、陸・海軍司法警察官だからである。憲兵には、士官・准士官・下士官のほか、最下位には兵もおかれていた。兵は陸・海軍司法警察吏であって、捜査の補助をなす。

録事に陸・海軍司法警察官の職務をおこなわせるようにしたのは、敗戦前夜の多忙さから、憲兵の手が足りなくなっていたからである。

さて、取り調べに要した時間であるが、捕獲搭乗員ひとりにつき、平均して一回およそ二、三時間といったところだった。一日に三名のことも、一名に午前・午後を費やしたこともあった。

取り調べの回数もまちまちだった。おもだった捕獲搭乗員にたいしては四、五回と多かった。士官のシャーマン中尉やカイム中尉の場合がそうである。下級者である下士官のうちには二回程度で終わった者もあった。

取り調べの基本的なパターンはこうである。伊藤法務少佐が問う↓捕獲搭乗員へ通訳させる↓搭乗員が答える↓伊藤法務少佐へ通訳される。場合により、伊藤法務少佐がさらに問う。そして、その問答を録事が書き留める。それを当の捕獲搭乗員に読み聞かす↓通訳してつたえられる。ときには、この段階で追加・削除といった訂正がなされる。

筆記方法は、一言一句を漏らさず書き写すのではなかった。要領筆記である。これが慣習としてつづいていた軍法会議のやり方だった。ということは、それにならう軍律法廷のやり方でもあった。

筆記され、できあがったものが検察官調書である。取り調べが終わったとき、作成されたその調書は全員分で約六センチの厚さだった。和紙の罫紙《けいし》が用いられ、ひとりについて多いものは三十ページないし四十ページもあった。ちなみに、事件送致のときに東海憲兵隊司令部から第十三方面軍軍律会議に届いた憲兵調書の厚さは約九センチだった。憲兵調書には空襲の被害調書も付されていた。

取り調べの前にはすでに、五月十四日の名古屋の被害状況と損害額がそれなりに把握されていた。一九四八年二月三日の戦犯裁判イトウ・ケースの公判で、伊藤元法務少佐はこうのべている。

憲兵隊の書類で被害の状況は大体判《わか》りますが、その位置が何処《どこ》か判らないので地図を作ってもらうように依頼しました。地図は名古屋の北部の地図で、被害地を赤で現わ《ママ》し、重《おも》な工場、学校等が印《しる》されていました。五月十四日、空襲の当日、私は自転車で被害地を廻りました。此《こ》の時、私は未《いま》だ此の事件の担当検察官になる事は判っていませんでした。私は法務部長に大体の状況を報告しました。勿論これは正式のものではありません。空襲当日、被害地を廻っているので、事件の為には改めて現地を調査していません。只《ただ》、東北部にある三菱［重工業株式］会社［の発動機・航空機工場］の損害について民防空の係田村少佐、参謀部情報班岡田少佐に簡単な質問をして解答《ママ》を得て居ります。損害額については憲兵隊の調査を信頼して私自身は詳しい調査をしていません。

故意の無差別爆撃か

捕獲搭乗員への取り調べ中の尋問内容につき、のちに戦犯裁判で、伊藤元法務少佐はつぎのように供述している。一九四八年二月三日のイトウ・ケースの公判においてである。

尋ねたのは、各人の経歴、特に軍隊に於《お》ける経歴、訓練期間、五月十四日の空襲の命令をいつどこで誰にどのように受けたのか、出発の状況即ちどのように乗り込んだか、それから高度、飛行経路。又、積載爆弾は何か。名古屋に入った者は、何処《どこ》でどのように焼夷弾《しょういだん》を投下したか。どのようにして墜落したのか。落下傘《らっかさん》で降下した者は何名であるか。日本軍にどこでどのように捕まったのか等。今、私が記憶しているのは大体これ位の程度で、これらの質問を各人に同じように訊問したのではありません。其の他に、出発してからの各人の任務に於いて如何《いか》なる行動をとったか等も訊いております。

要するに、アメリカ側が意図的な無差別爆撃をおこなったかどうかを確認しようとしたのである。その事実がなければ、捕獲搭乗員には国際法にふれる戦争犯罪は成り立たない。憲兵隊のかけた、空襲軍律「第一総軍軍律」違反の容疑もなくなる。そして、かれらは国際法の保護のもとにおかれ、捕虜の待遇をうけることになる。送られる先は軍律法廷の審判廷でなく、捕虜収容所である。

事実、こうした例は一九四四年の夏に起きている。さきにもすこしふれた、アメリカ軍機が九州の八幡市を空襲し、カーマイクル大佐が捕らわれたケースである。八幡製鉄所が目標とされたが、市街地にも被害が出た。

無差別爆撃の容疑で、事件は東京の防衛総司令部に送られた。同総司令部の空襲軍律「空襲の敵航空機搭乗員の処罰に関する軍律」に違反するというわけである。当時は、まだ第一・二総軍と航空総軍の体制ではなく、同総司令部が本土防衛を統括していたときだった。

防衛総司令部の軍律会議検察官として出張し、カーマイクル大佐の取り調べにあたったのが、ちょうどこの伊藤法務少佐だった。当時かれは、東部軍と防衛総司令部の法務部員を兼務していた。

カーマイクル大佐のとった飛行経路、爆撃目的などにつき、捜査・取り調べがあった。

その結果、無差別爆撃の意図は認められないと判断された。いちばんの決め手は、空襲に際し、地域一帯を無差別に焼き尽くす焼夷弾を使用していないことだった。

くだんの伊藤法務少佐は、国際法にもふれず、空襲軍律違反にもならない、と結論した。そして、軍律法廷にかけず、捕虜収容所に送るのが妥当としたのである。防衛総司令部の軍律法廷の長官となる同部の総司令官もこれを認めた。こうして、カーマイクル大佐は軍律法廷の埒外に去っていった。

さて、今回の捕獲搭乗員十一名に意図的な無差別爆撃の事実が認められれば、もちろん、これは国際法違反の戦争犯罪である。憲兵隊が送致理由とする空襲軍律「第一総軍軍律」違反の容疑が確認され、軍律法廷の審判にかけられるはこびとなる。

「第一総軍軍律」の第二条にはこう定められていた。

左に記載したる行為を為《な》したる者は軍罰に処す

一　普通人民を威嚇《いかく》し、又は殺傷することを目的として、爆撃其《そ》の他《た》の攻撃を為すこと

二　軍事的性質を有せざる私有財産を焼燬《しょうき》し破壊し、又は損壊《そんかい》することを目的として爆撃、射撃其の他の攻撃を為すこと

三　已《や》むを得《え》ざる場合を除くの外《ほか》、軍事的目標以外の目標に対し爆撃、射撃其の他の攻撃を為すこと

四　前三号の外《ほか》、人道を無視したる暴虐非道《ぼうぎゃくひどう》の行為を為すこと

前項の未遂犯は之《これ》を罰す

無差別爆撃の事実

伊藤法務少佐の捜査・取り調べにより、捕獲搭乗員の無差別爆撃という戦争犯罪、つまりは「第一総軍軍律」違反の事実がしだいに確認されていく。しかし、その事実認定のうえではいくつかの問題もあった。

シャーマン中尉機の場合、名古屋爆撃に着手する前に撃墜されてしまっているのである。また、捕獲搭乗員中には、通信手のように爆撃に直接かかわらない者もいた。

のちの一九四八年二月四日、戦犯裁判イトウ・ケースの公判で、オカナー検事もこの点を追及した。十一名の捕獲搭乗員全員を同等の実行者とみることには承服できない、と。

これらに関しては、取り調べの当時すでに、伊藤法務少佐も考えていたのだろう。かれは、オカナー検事にこう答えている。

同じ一つの飛行機に乗っている者はその飛行機の他の搭乗員と協同して任務を果すのであり、従って、搭乗員の任務の軽重は内部的のものであり、外部から考えれば同様な責任があると私は思いました。之《これ》は日本の刑法理論の考え方であった。

伊藤法務少佐は、「刑法」第六十条にいう共同正犯《せいはん》の理論を準用して、捕獲搭乗員を同じ実行者とみなしたのだった。共同実行の意思をもって犯罪をおこなった者は、その果した役割や地位を問わず、すべて正犯とみるというのが共同正犯の理論である。

通信手のケースは、この理論にあてはまろう。しかし、爆撃の着手前に墜《お》とされているシャーマン中尉機のほうはどうか。だがこれも、爆撃に飛来したすべてのアメリカ軍機をひとつの実行体とみれば、共同正犯の理論でくれなくもない。あるいは、着手時期の解釈しだいでは、「第一総軍軍律」のさきの第二条第二項の未遂処罰規定で対処することも可能だった。

問題はまだあった。名古屋市は攻撃に備えた防守《ぼうしゅ》都市か否か、である。防守都市なら、そこへの攻撃は国際法の「陸戦の法規慣例に関する規則」第二十五条の許容するところとなる。戦争犯罪にはならない。オカナー検事は、右の公判で、名古屋は防守都市だとしてこの点もついている。

なるほど、名古屋市にはたとえば高射砲部隊も配置されていた。だが、多く見積もって百門くらいの高射砲数しかなかった。そこへの、四百五十機のB29による大規模な空爆である。焼失家屋二万、死傷者八〇〇の被害が出たことをも考慮にいれ、理不尽で徹底的な無差別爆撃だった、と伊藤法務少佐は考えたのだろう。

たしかに、名古屋を防守都市としてみる余地もないではない。そうならば、右の「陸戦の法規慣例に関する規則」上、その空襲を軍事目標以外のものへの無差別爆撃だと一蹴するわけにもいかなくなる。

しかし、じつは、十一名の捕獲搭乗員に適用された、防衛総司令部の空襲軍律を引き継ぐ「第一総軍軍律」は、「陸戦の法規慣例に関する規則」によっていたのでなかった。これよりも新しい一九二三年の「空襲法規案」をふまえていたのだった。このことは、さきに、空襲軍律の起案のくだりでのべた（七一ページ以降）。なお、「空戦法規案」が日本をふくむ調印各国にまだ批准されていないこと、にもかかわらず、現在も国際法上の目安でありつづけていることについても、すでに記した。

「空戦法規案」第二十四条には、軍事目標主義が明示されている。軍事上の施設や機関以外への攻撃は許されないのである。防守・非防守とは関係ない。さきの「第一総軍軍律」第二条の文言を想起するなら、それが「空戦法規案」第二十四条の軍事目標主義によっていることがわかろう。

伊藤法務少佐は、捜査・取り調べの結果、十一名に軍事目標主義にふれる無差別爆撃の事実を認めるにいたる。そして、「空戦法規案」をふまえた「第一総軍軍律」への違反を認定するわけである。

だから、これにたいしても同じ一九四八年二月四日のイトウ・ケースの公判で、オカナー検事は、アメリカ軍機は軍事目標主義も守っていたと主張するのである。全員が無差別爆撃をやったわけではない、名古屋市は防守都市だった、というさきの反論とあわせて三段構えの法廷戦術であった。

オカナー検事はつぎのようにのべる。アメリカ軍機は軍事施設地域以外に爆撃していない。にもかかわらず、無差別爆撃を捏造《ねつぞう》するために、伊藤法務少佐が録事に命じ、その軍事施設地域に接する非軍事施設地域をも空襲した、と検察官調書に書かせたのだ、と。以下は、イトウ・ケースの公判における同一月二十六日のオカナー検事の問いと通訳だった新本敏夫上等兵の答えである。

問「[取り調べ中の]伊藤の訊問方法はどうでしたか」
答「(前略)伊藤は大低《ママ》の場合正しく記入させたが、一つだけ違えた事がありました。

それは、搭乗員達は「目標は何処《どこ》だったか？」と云《い》う質問を受けたが、大抵《たいてい》の者は「知らない」と答えたが、其《そ》の中で何名かの者が「名古屋の十字路を中心とした西北部にある軍事工場地帯」と言う答弁をしたが、伊藤は録事に命じ、次の様に書き入れよと指示した。即ち、搭乗員達が「軍事施設」と答えたのを、「軍事施設及び其《そ》の付近」と書けと指示しました」

さらに、問答はつづく。

問「君は録事の書き取ったものを再び通訳して読みきかせるように言われたか」
答「ハイ」
問「君はそれを再び読みきかせたか」
答「ハイ。然《しか》し私は、軍事施設及び其の付近と言うのを省くように言われていたから、読まなかった」
問「では、目標の処《ところ》はどう記入されていたか？」
答「軍事施設及び其の付近、と記入されていた」
問「其の通り通訳したか」

答「いいえ」
問「誰の指示でせなかったのか」
答「伊藤〔元法務〕少佐です」

もっとも、読み聞かせの部分については、新本元上等兵は翌日の公判でこれと正反対のことをのべている。その翌日での表現は「其の隣接地帯」と変わっているものの、「其の付近」を省かないで読み聞かせた、と。

もちろん伊藤元法務少佐は、公判中ずっと、「軍事施設及び其の付近」という文言は捏造ではない、そこをねらって爆撃したという捕獲搭乗員たちの供述にしたがったものだ、と主張しつづけた。

しかし、二月二日の公判では、この主張を突き崩す別の証言も出ている。「伊藤〔法務〕少佐の命令で」「軍事施設と言う次に軍事施設を含む付近の民家と挿入しました」。捕獲搭乗員中、「伊勢湾に落ちた者以外は皆同じ字句を使って書いた」。これは、捜査・取り調べで録事を務めた種木〔旧姓、佐藤〕義男元法務曹長のものである。

伊藤法務少佐による書きくわえの指示の真偽はともかく、爆撃には「其の隣接地域」ないし「其の付近」あるいは「軍事施設を含む付近の民家」という文言が挿入されても誤りといえない事実はあった。同じとき、種木元法務曹長は伊藤側のマドリックス弁護人の誘導的な問いに、つぎのようにも答えている。

問「(前略)[伊藤法務少佐が捕獲搭乗員にたいし、] 君等が軍事施設を目標としたとは言えないではないか。焼夷弾を投下しては無差別爆撃ではないかと問えば、彼等《かれら》は、日本人は無差別爆撃と言うが、我々は地区爆撃と言うと言ったのを記憶するか」

答「ハイ」

問「更に、其の地域内に軍事施設以外のものがあるのを知らぬかと[いう尋問へ]の答えに、これは戦争だから仕方《しかたな》が無いと言ったのを覚えているか」

答「ハイ。(中略)[そして]軍事施設を爆撃に来たと言うが一般市民の住宅が焼けているのを知らないか。之《これ》をどうして説明するか。国際法違反ではないかとの質問に、戦争だから仕方が無いと答えました」

問「更に伊藤[法務]少佐が、それでは戦争の場合は非軍事施設を爆撃したり、非戦闘員を爆撃してもかまわぬかと質問すれば、戦争だから仕方が無いと答えたのを覚えているか」

答「ハイ」

問「では飛行士達は無差別爆撃を認めたではないか」

答「ハイ」

一九四八年二月十九日のイトウ・ケースの公判において、マドリックス弁護人は検察側の証人として出廷した藤井喜一元法務中将にたいし、こう質《ただ》している。「では、仮定的な質問をしてあなたの意見をききます。即ち之等《これら》の「捕獲」搭乗員達が、目標を琵琶湖から名古屋に入り市内の十字路東北方付近の軍事施設と言っているが、その付近には民家が沢《たく》山《さん》あります。それで伊藤は、軍事施設及び其《そ》の隣接地帯を目標物にしたと書いたとすれば、伊藤の行為は正しいと思いますか」

藤井元法務中将は東京帝国大学法科大学出身で、伊藤法務少佐が捕獲搭乗員十一名の検察官をしていたときの陸軍省法務局長だった。かれは答えた。「仮定の質問には仮定で答えます。それは伊藤は正しかった」

軍事施設地域の「隣接地域」または「其の付近」、もしくは「軍事施設を含む付近の民家」への空爆は、事実として否定できないものだった。検察官として捜査・取り調べにあたった伊藤法務少佐は、十一名にたいし、意図的な無差別爆撃の事実を認めるのである。

審判にかけるのが妥当

一九四五年の六月二十日に取り調べを終えた検察官伊藤法務少佐は、十日前に法務少将へ進級したばかりの岡田痴一法務部長にその終了を報告した。そして、捕獲搭乗員たちは無差別爆撃という戦争犯罪をおこなったとして、「第一総軍軍律」第二条違反で軍律法廷の審判を請求するのがよい、とする検察官としての判断をつたえた。裁判でいえば起訴すべきだというわけである。岡田法務少将はこれを認めた。

法務部長の内意をえると、伊藤法務少佐はその判断にしたがって意見書を作成した。意見書といえば、たんに個人の見解を記したもののようにも聞こえようが、そうではない。検察官の判断を示す正式の文書である。作成は検察官の職務に属する。

意見書には、それまでの捜査・取り調べから得られた事実関係と、適用されるべき軍律の名称、審判請求の有無、該当する軍罰名など、検察官としての所見が記される。つまりは、捜査・取り調べの段階からつぎの段階へすすむか否かの切り替えポイントなのである。

伊藤法務少佐は意見書を作成すると、できあがった意見書につき、ふたたび岡田法務部長の了解を求める。意見書の作成は、検察官伊藤法務少佐の権限内とはいえ、上司の内諾をえておくのも実務の手順である。意見書の内容は、一九四八年二月三日のイトウ・ケースの公判における同元法務少佐の証言によれば、こうだった。

先《ま》ず、意見書と冒頭に書き、十一名の所属部隊、姓名が書いてあります。次《つ》ぎに、之《これ》等《ら》の者はB29搭乗員であり、グアム、テニヤン島に於《お》いて勤務中、五月十四日、名古屋を空襲したものである。名古屋東北方又《また》は西北方の大十字路の傍《かたわら》の軍需工場又は大軍需工場を爆撃せよとの命を受けて来たと称し、来襲し、紀伊半島より琵琶湖上空を経て名古屋に侵入し、東北部の民家を爆撃。正義人道に反するものと知りながら、戦争だからやむを得ざるものとして多数の平和的財産を焼燬《しょうき》し、平和的人民を殺傷した。これは第一総軍軍律規定に違反する行為であるから、死刑《ママ》を求刑《ママ》するを適当と思料《しりょう》す。
と書いてありました。

これが、検察官としての伊藤法務少佐の下した判断であった。なお、文中の「死刑」と「求刑」はかれの誤用であろう。前者は「死」もしくは「死罰」、後者はたんに「求める」という用語を用いるべきであった。軍律は法令ではないからだ。このあたりに関しては後述する。

意見書作成後の一九四五年六月二十七日、伊藤法務少佐は第十三方面軍の軍司令官岡田資中将に捜査報告という書面をもって捜査・取り調べの結果をつたえる。意見書はこの捜査報告に付されるのである。同軍司令官は第十三方面軍軍律会議長官として、これをうけとる。ただ実務の手順上、岡田中将の前に、伊藤法務少佐は意見書つきの捜査報告を、同軍参謀長藤村益蔵《ますぞう》少将にもみせている。むろん、公式にはその必要はない。

長官に捜査報告を出すのは、検察官としての所見をのべ、審判の請求もしくは不請求といったつぎの命令をもらうためである。所見はもちろん意見書に記されている。

軍律法廷の検察官は、長官の命令を待って初めて、そうしたつぎの行為ができる。軍法会議の検察官も、その点、変わらない。普通裁判所の検事の権限とは異なる。長官が軍隊指揮官であることを想起するなら、軍における処断というものが統帥権と無関係でないことがわかろう。

長官が、捜査報告につけられた意見書の結論に異議をはさむことはおよそありえない。検察官の判断がまずとおる。これは陸軍でも海軍でも同じである。

結果的には、意見書をつけた伊藤法務少佐の捜査報告は、捕獲搭乗員十一名への審判請求の命令をもらうためのものとなった。「第一総軍軍律規定に違反する行為であるから、死」罰の請求「を適当と思料す」とはそういう意味である。

軍律法廷の手続き上、ふつうは、ここで、公訴提起命令というべき長官の審判請求命令が検察官あてに出される。これをうけて、検察官は軍律法廷へ、公訴状にあたる審判請求状（海軍は審判請求書）を送る。そうして、軍律法廷は開催される。ところが、このケースではそれだけではすまなかった。

軍中央への伺い

当時、検察官が死罰を相当とすると判断した場合、長官の審判請求命令の出される前に、最終的には陸軍大臣にいたる陸軍中央へ伺いをたてなければならないことになっていた。軍律審判の結果いかんでは死罰も可、という指示をもらう必要があった。

その背景には、軍律審判で空襲軍律違反を認定された捕獲搭乗員はまず死罰を免れない、という事情があった。一九四二年のドーリットル空襲をきっかけにして、空襲軍律がつくられたときの参謀本部の強硬な姿勢は生きつづけていたのである。

十一名の捕獲搭乗員にたいする容疑が空襲軍律「第一総軍軍律」の第二条違反だったことは前にみたが、一九四八年二月四日の戦犯裁判イトウ・ケースの公判で、伊藤元法務少佐はオカナー検事の問いに、こう答えている。

問「［捕獲搭乗員の行為は］軍律に違反すると言いましたが、第一総軍軍律第二条を指すのですネ」

答「具体的に言えばそうです」

問「若《も》し彼等《かれら》が有罪になれば、死刑《ママ》になることを知っていましたか」

答「知っていました」

陸軍中央の指示が必要とされたのは、軍律審判で死罰に処した場合に生じるであろう外国の批判を意識し、慎重を期したからだった。「国際問題を惹起《じゃっき》」するおそれのある場合などのケースにかぎって指示を必要とするということが、それをよく物語っている。

陸軍中央への伺いの必要については、一九四四年二月二十一日の陸軍次官・参謀次長連名の依命通牒《いめいつうちょう》である同文の陸亜密《りくあみつ》第一二八九号と陸亜密電第二七九号をもって、各陸軍部隊へつたえられた。これについてはすでに一言した(五一ページ)。

この通牒には、軍律審判にかぎらず、「国際問題を惹起し又は大東亜民心《みんしん》結集、対原住民工作其の他に政治的影響を及ぼすこと大《だい》なる事案《じあん》の処理に当《あた》りては、予《あらかじ》め十分中央に連絡すると共に之《これ》に極刑《きょつけい》を以《もっ》て臨《のぞ》まんとする場合は中央の指示を俟《ま》たれ度《たく》」とあった。

その主旨につき、この依命通牒のときも陸軍省法務局の上席局員だったさきの沖源三郎元法務大佐(一九四四年八月一日、進級)はのちに、空襲軍律にかぎっていえば、「[その]濫用《らんよう》を防ぐため」だったとのべている(同氏書簡)。そして陸軍省を受け継ぐ第一復員省

（復員庁第一復員局の前身）も、「不当な極刑を抑止《よくし》する」のがねらいであって、「「処断に関する」命令」ではない、と一九四六年に記している（「空襲軍律に関する研究」）。

伊藤元法務少佐らの第十三方面軍軍律会議が、「第一総軍軍律会議規定」に根拠することはすでにのべた。この審判規則の付則には、「方面軍軍律会議は其《そ》の所管事件処理に付《つき》、昭和十九年陸亜密第一二八九号に準拠」するようにとあった。そしてまた、「予《あらかじ》め第一総軍司令官の指示を承《う》くるものとす」とも規定されていた。第十三方面軍が第一総軍の隷《れい》下《か》部隊だったからである。

要するに、伊藤法務少佐の務める検察官が死罰を適当とするという結論を出せば、第十三方面軍軍律会議長官としての軍司令官岡田資中将は、審判請求命令を発する前に、ふたつの指示を求めなければならなかったのである。上級軍である第一総軍の司令官と、陸軍中央つまるところは陸軍大臣の死罰も可という指示、であった。

この指示をえる目的で、第十三方面軍法務部長の岡田痴一法務少将の命令により、伊藤法務少佐はほどなく上京する。第一総軍司令官のいる同軍司令部も、陸軍大臣のいる陸軍省も東京にあった。

ちなみに、軍律法廷には、審判を請求するかどうかを判断するために予審官すなわち予審機関がおかれることもあった。予審の目的は、その判断にあたって参考となる証拠材料予審機関を準捜査機関とみることもできる。だから、予審機関を準捜査機関とみる点に求められる。

一九四二年三月二日施行の、第十六軍の「軍律審判規則」第三条には、同軍軍律会議に軍法会議法務官の任にある陸軍法務部将校をあてる予審官をおく、と規定されている。このように、予審官には原則として法務部将校があてられた。海軍の軍律法廷でもあてられるのは法務科士官であった。

とはいえ、実際には、予審機関をおく軍律法廷はほとんどなかった。たとえば、「南方軍軍律審判規則」「支那派遣軍軍律審判規則」、あるいは「支那方面艦隊軍罰処分令」「連合艦隊軍罰処分令」に、予審機関を設ける規定はない。「第一総軍軍律会議規定」もそうである。したがって、伊藤法務少佐が検察官を務めた第十三方面軍軍律会議に予審機関・予審官はなかった。軍律法廷で優先される処断の迅速性をこのあたりに指摘できなくもない。なお、軍法会議には、常設と特設を問わず、予審機関が必ず設けられていた。

予審の請求は、捜査機関としての検察官が長官の命によって予審官にたいしておこなう。予審官は予審を終了すると、それを検察官へ通知する。これをうけて、検察官は検討をし、予審官からの送付物といっしょに予審終了報告を長官に提出する。この終了報告には、検察官への事件送致、審判請求、審判不請求のうちのどれか、検察官の判断を記した意見書がつけられる。長官はそのいずれかを選択し、その実行を検察官に命じるのである。

(1) 伊藤法務少佐の検察官下命のこのような事情は、太平洋戦争後の一九四八年一月二十二日から開かれた戦犯裁判横浜法廷イトウ・ケースにおける種々の供述で明らかにされる。同ケースでのこの類の供述はすべて、これまでもこれからも、いちいち記さないが、片浦利厚元中尉のつづった「公判記録」にもとづく。本書での第十三方面軍軍律会議の展開状況の多くも、この記録によっている。片浦元中尉が、捕獲搭乗員十一名への軍律審判で審判官を務めていたことはすでにのべた。そして戦後、この審判を不当として片浦元中尉をふくめて伊藤元法務少佐らの四名が、イトウ・ケースとしてアメリカ陸軍第八軍の軍事委員会による戦犯裁判横浜法廷で裁かれた。本来は個々の分離裁判となるはずなのだが、便宜上、合同でおこなわれた。

(2) 太平洋戦争後もずっとのちのことであるが、沖縄へ配属されたアメリカ軍の兵士たちが、軍法会議の裁判を、軍の〝おかかえ〟と言う意味でカンガルー裁判とよんだとつたえられるのは、興味深い(高嶺朝一「チバリヨウー・ウチナー 八〇年 夏」『軍事民論』特集二〇号)。長官に相当するのは、軍隊指揮官をあてるそれぞれの軍法会議の召集官とみなせよう。この召集官は、軍事委員会の召集官と同種のものである。

(3) 旧陸軍省である復員庁第一復員局は一九四七年にこう説明する(同局法務調査部第二科「防衛総司令部の廃止に伴い同司令部が定めた空襲軍律及軍律会議に関する規定の有無

効に就て」)。

「昭和二十年四月十五日、防総〔防衛総司令部〕は廃止せられ、同時に第一及第二総軍が編制せられた。而《しこう》して、軍律に関し、第一総軍に於《おい》ては同年五月十二日第一総軍軍律及第一総軍軍律会議規定を定め、四月十五日に遡ってその軍律を第一総軍の権内に入った敵航空機搭乗員に適用すること、防総軍律会議の後継は第一総軍軍律会議であること、又従前の規定により方面軍司令官の設けた軍律会議は之《これ》を本規定により設けたものと看做《みな》すことを「それぞれの」付則で示している」。たしかに、「第一総軍軍律」と「第一総軍軍律会議規定」の付則には、そうした規定がある。

(4) 法務部甲種幹部候補生も、任官直前には法務部見習士官を務める。

三　処罰を求める

1　陸軍大臣の指示

伺い書

一九四五年（昭和二十）六月二十八日早朝、伊藤法務少佐は名古屋を発って東京へむかう。東京まで、汽車で一晩の行程だった。軍律審判の結論が死罰でも可、という指示をもらうためである。

郵送でもよかったが、郵便事情が悪化していた。日本本土内では、このころ、こうした連絡には担当の主任将校が出向くのがふつうだった。だから伊藤法務少佐が上京したのだが、出向くのは上司の岡田痴一法務少将でもよかった。

しかし、交通事情もよくなかった。一九四八年三月二十九日の戦犯裁判横浜法廷のオカダ・ケースの公判で、陸軍次官だった柴山兼四郎元中将はのべている（成田メモ）。「当時の交通通行は今通《つう》じていても、突然不通となり、又、可能となる日は全然予想できないのであって、今日東京へいった連絡者が何日［に］又名古屋へ帰って来られるか、予想は全然できないのである」

伊藤法務少佐は、捕獲搭乗員十一名にかかわる「第一総軍軍律」違反事件に関する意見書と伺い書、それに憲兵調書や検察官調書といった一件書類を持参していた。

意見書は、第十三方面軍の軍律会議長官あての捜査報告につけられたものと同文だった。作成者はむろん検察官としての伊藤法務少佐であった。この意見書が、長官である同軍司令官から陸軍大臣への死罰に関する指示をうけるための提示用だったことはいうまでもない。提示は一九四四年陸亜密第一一二八九号およびこれを準用する「第一総軍軍律会議規定」の付則にしたがったものである。

伺い書は、第十三方面軍司令官より上級者の第一総軍司令官にあてられていた。これも、十一名にたいして軍律審判で死罰を言い渡しても可、という指示を求める内容だった。やはり「第一総軍軍律会議規定」の付則にもとづくものである。

意見書と伺い書の意味とその位置づけはわかりづらい。以下は、一九四八年二月四日の戦犯裁判イトウ・ケースの公判で、オカナー検事が伊藤元法務少佐へおこなった尋問である。伺い書の内容も知ることができる。

問「〔マドリックス弁護人の〕直接訊問に於《お》いて君は、〔捕獲された〕カイム中尉他十名の裁判《ママ》を開くことを願うと意見書に書いた、と言っていたネ」
答「裁判を開くことを願うとは答えません。起訴《ママ》を願うと答えました」
問「其《そ》の意見書と倶《とも》に裁判を開く願《ねがい》〔伺い書〕を出さなかった、と言うのですか」
答「第十三方面軍から出すのは裁判を開く願ではありません。それは、被告人に対して死刑《ママ》を求刑《ママ》することについて意見を伺いたい、と出したのであります」
問「然《しか》し君は、直接訊問の時、弁護人マドリックス氏に対し、意見書に伺い書をつけて其の中に裁判を開く許可を願った、と答えはしなかったか」
答「私は其の様なことは言っていません」
問「では第十三方面軍司令官は、意見書と伺い書を出したのですネ」
答「ハイ」
問「伺い書には何《なん》と書いてありましたか」
答「左記被告人、極刑《ママ》に処したきに付き、伺いに及ぶ。左記。第一総軍軍律違反、所属部隊、米国。それから、十一名の氏名を書いてある」

問「之等《これら》の搭乗員が第一総軍の軍律に違反したと決心し、死刑に処さんと、岡田［法務］少将に意見具申《ぐしん》をしたのは君自身ではないか」

答「私が決心したのは、調査の結果、彼等が軍律違反に該当すると考えられます、と岡田［法務］少将に具申しました」

問「君の意見を述べると倶《とも》に、死刑に処すことを述べたのではないか」

答「それを言わなくとも、［第一総軍］軍律第二条に書いてあるから判《わか》る筈《はず》だ」

問「君は、軍律第二条に該当することを、岡田［法務］少将に述べたのですネ」

答「ハイ」

翌日の六月二十九日、伊藤法務少佐は東京に着いた。かれは、最初に第一総軍の法務部へいった。

まず、阪埜《ばんの》淳吉法務中佐に会い、意見書と伺い書をふくめ、持参した書類をぜんぶ提示した。第一総軍参謀長の承認経由で同軍司令官の了解をえるためである。提示された書類をみたのち、阪埜法務中佐はひとつの綴りになっている意見書と伺い書だけを残し、ほかは伊藤法務少佐に返した。

それから、田中栄三法務大尉が阪埜法務中佐によばれた。参謀長のところへいかせるためだった。田中法務大尉も阪埜法務中佐も、東京帝国大学法学部の出身である。田中法務大尉がやってくると、阪埜法務中佐はいっしょに伊藤法務少佐の話を聞いた。

このときの模様を、一九四八年二月二日の戦犯裁判イトウ・ケースの公判で田中元法務大尉はこう証言している。いささか長くなるが、このあたりまでのまとめを兼ねて引用する。

伊藤は、十一名の裁判《ママ》をするに付いて法務部長から検察官を命ぜられました、そこで、訊問をして意見書を作製し、法務部長の承認を得て軍司令官にそれを提出し、第十三方面軍の意見として、此《こ》の十一名を軍事裁判《ママ》にかけて極刑《ママ》にすることが相当であると決定したので、予《あらかじ》め陸軍大臣から示された方針に基《もとづ》いて、(中略)死刑《ママ》にすることに付いて陸軍大臣の許可をとりに来たのである、と言いました。陸軍大臣の許可を受ける必要上、第十三方面軍を指揮命令する第一総軍司令官の決裁を受けに参りました、と言いました。そして、伊藤の言うのには、第十三方面軍で此の裁判を急いでいる、それで早く陸軍大臣の許可をもらって名古屋に帰りたい、と言いました。其の時、私が何故《なぜ》そう急いで許可を受けねばならないかと質問した処《ところ》、彼は、今迄に名古屋の町は敵機により大きな空襲を受け、一般市民の住宅は焼かれ、市民の生命は奪われたので、市民の大部分は第十三方面軍の戦闘に対し非難するようになり、余《あま》りにも敵機の「ジュウリン」に委《まか》せてだらしがないではないかとの噂をするようになった、そこで第十三方面軍では参謀が、一刻も早く憲兵が捕えた十一名の飛行士を取調べた上で、軍律会議の判決《ママ》により死刑を執行しなければならない〔と言っている〕、そう云《い》う当時の第十三方面軍の状況であったので早く許可をもらって帰りたいのである、と言った。それで、〔第二〕総軍司令官の「サイン」を早くもらってくれ、と頼みました。

もっとも、三日のちの同月五日のイトウ・ケースの公判で、伊藤元法務少佐は、証言の後半にみえる、いそぐ理由については語っていないと否定した。そのことはともかく、第十三方面軍が処断をいそいでいたのは事実だった。

実際、伊藤法務少佐が東京へ発った同じ六月二十八日には、第十三方面軍は軍律法廷を開かないで、別のアメリカ軍機捕獲搭乗員十一名を死罰処分にしているほどである。その後も、十六名を同じかたちで死罰に処していた。捕獲搭乗員への捜査・取り調べだけで処断を下すという、軍司令官岡田資中将の決裁したいわゆる略式手続きによるものだった。この責任を問われたのが、戦後の戦犯裁判横浜法廷のオカダ・ケースなのであった。

さて、伊藤法務少佐の話を聞いたのち、田中法務大尉は、参謀長の須藤栄之助中将のところへいく。ところが、不在だったので、伊藤法務少佐は第一総軍法務部を辞した。

田中法務大尉は、翌三十日、伊藤法務少佐からの意見書と伺い書を手に、ふたたび参謀長を訪ねた。こんどは会えて、承認をえることができた。といっても、これは実務上の手順にすぎない。正式に必要なのは、司令官杉山元《はじめ》元帥の承認である。その承認は、須藤中将がもらってくれることになった。むろん、これらは第一総軍法務部長島田朋三郎法務中将の同意を前提とする。

伺い書は第一総軍司令官あてだったが、意見書はそうではない。杉山元帥の承認をえると、つぎには陸軍省へ送らなければならない。最終的に必要なのは陸軍大臣の承認なのである。

死罰も可

七月一日、伊藤法務少佐は陸軍省法務局へおもむいた。軍律審判で死罰も可という陸軍大臣の指示をもらうことへの助力を頼むためである。同局は陸軍省における法務関係の窓口の役割も果たしていた。

伊藤法務少佐の話を聞いて、上席局員の沖源三郎法務大佐は法務局長の藤井喜一法務中将に取りついでくれた。表敬訪問の意味も兼ね、伊藤法務少佐もいっしょに局長のところへいった。伊藤法務少佐は、第一総軍に託してきた意見書ほかが同軍の杉山元司令官の承認をえて陸軍省に届けば、はやく陸軍大臣の決裁が下りるよう処置してほしい、と依頼した。

こうしてのち、伊藤法務少佐はその日の晩か翌二日の朝に東京をあとにした。名古屋に帰着したのは七月二日あるいは三日だった。

まもなく第一総軍から、伊藤法務少佐の託していた書類が陸軍省に届いた。法務関係の書類だから、法務局へ、である。意見書といっしょに伺い書もきていた。実務上の責任者となる上席局員の沖法務大佐がうけとったのは、七月五日ごろだった。

意見書にはすでに、伊藤法務少佐が上京の前にもらっていた岡田資第十三方面軍司令官の承認の印のほか、上京後に第一総軍法務部へ依頼していた第一総軍司令官杉山元帥の承認の押印と文言があった。その文言は「名古屋から申請の搭乗員に関する事は同意であるから其《そ》の通《とお》り処置相成度《あいなりたし》」だったようだ。一九四八年二月二日の戦犯裁判イトウ・ケースの公判における沖元法務大佐の証言である。第一総軍司令官の了承がえられた時点で、それを求める同軍司令官あての伺い書はもはやその役目を終えていた。

意見書をうけとった沖法務大佐は、目を通し、その所見に同意する。それから、陸軍中央による承認と許可・指示用の文書を起案し、意見書に付した。右のときの証言によれば、その内容は「現地意見書の通り処置して宜《よろ》しい」であった。許可・指示の発信者は陸軍大臣と参謀総長、あて先は第十三方面軍司令官を指揮する第一総軍司令官だった。

自ら起案したその添付紙に、沖法務大佐はまず、上席局員としての同意の意思表示の押印をした。そして、その添付紙をつけた意見書を法務局長藤井法務中将のところへ持参。藤井法務中将も同意し、承認の押印をした。これで、陸軍当局を法的側面から補佐する法務局の承認がえられたことになる。

つぎに沖法務大佐は、その書類を関係部局へ回付するよう手配した。書類は軍務局から兵務局へ、参謀本部へもまわった。最終的には陸軍省高級副官より陸軍次官を経て陸軍大臣のもとに届いた。そして、それぞれで同意・承認の印が押された。こうして、意見書の意向に沿った、軍律審判で死罰も可という陸軍大臣の指示が出たのだった。

陸軍大臣の許可・指示が出ると、その旨、法務局から第一総軍法務部へ連絡がいった。沖法務大佐が第一総軍法務部の田中栄三法務大尉に電話したらしい。沖法務大佐の起案した添付文書上のあて先が、第一総軍司令官だったことはのべた。

連絡をうけた第一総軍では、田中法務大尉が名古屋の第十三方面軍へ帰っていた伊藤法務少佐に、軍律審判の結果次第では死罰処分も可という陸軍大臣の指示が下りたことを電話でつたえた。七月の六日か七日のことだった。

しかし、これは正式な連絡ではなかった。いそいでいた第十三方面軍のために、田中法務大尉が気をきかせたもののようだった。正式な連絡は、軍律審判の開始前に書類として届いている。

イトウ・ケースの一九四八年一月二十七日の公判で、新本敏夫元上等兵はマドリックス弁護人の尋問にこう答えた。

問「［捕獲搭乗員十一名への］此《こ》の裁判《ママ》が始まる前に、陸軍大臣から捺印《なついん》した書類があり、之《これ》を見たと言いましたネー」

答「ハイ」

問「何処《どこ》で見たか？」

答「伊藤の部屋《ママ》から出てくる時、出会ったが、其《そ》の時持っていた書類は、［陸軍］中央で彼等を処分する［ことに関して指示した］書類だ、と彼は話した」

問「大臣の印を見たか？」

答「注意はせなかったが、四角な赤いものだった」

問「大臣の印だったか？」

答「知りません」

同年二月二日のイトウ・ケースの公判で、捜査・取り調べのときの立ち会い録事だった種木義男元法務曹長は、陸軍大臣の許可書をみた、とはっきり申し立てている。

必ずしも守られなかった

死罰を請求しようとするときには陸軍大臣の指示が必要、という手続きが歯止めの効果をもたらしたこともあった。ケースによっては、陸軍大臣からの指示が不許可と出た場合もなくはなかったのである。

ビルマにいた陸軍の第二十八軍のあるケースがその一例。時期ははっきりしない（一九四四年の八月以降か？）が、同軍法務部長の菅野《かんの》保之《やすゆき》法務中佐からの求めにたいし、沖源三郎法務大佐は死罰不相当として承認しなかった。窓口である陸軍省法務局の最初の段階でけられてしまったのである。結果的に、陸軍大臣の承認はえられなかったことになる。太平洋戦争後、軍律審判をめぐる連合国の追及のきびしいさなか、ふたりは、戦犯を免れたな、と話したという（沖氏書簡および談話）。

しかしながら、陸軍大臣の指示待ちという陸軍次官・参謀次長の依命通牒《いめいつうちょう》による手続きは、一貫して守ることはできなかった。戦争が終わりに近づくにしたがい、日本本土内といえども、現地軍と陸軍中央の連絡が思うにまかせなくなっていたのである。日本軍は敗走のさなかにあった。一九四八年一月八日の極東国際軍事裁判の公判で井上忠男元中佐はこうのべている(「極東国際軍事裁判速記録」第三五〇号)。同元中佐は、一九四四年十一月以来、参謀本部員として参謀総長の秘書的業務をおこなっていた。

昭和十九年末より昭和二十年にかけ、我軍の戦況は不利となり、特に米空軍及潜水艦の活躍の為《ため》、大本営と南方軍並《ならび》に支那派遣軍との連絡は極《きわ》めて困難に陥《おちい》りました。従《したがつ》て、大本営と現地軍との通信は専《もつぱ》ら無線通信に拠《よ》らねばならぬこととなりました。無線通信は自然其《そ》の通信量に制限せられますので、現地軍との通信は作戦に関する事項、戦況に関する事項等、緊急を要するものが殆《ほとん》ど独占することとなりました。

(中略)

Ｂ二九搭乗員に対する軍律会議に関する陸軍大臣宛現地軍の上申書は、私の手許では取扱ったことはありません。従て参謀総長の閲覧に供したことはありません。

陸軍大臣の指示待ちが守れなかったものとしては、たとえば、軍律法廷を開かずに略式手続きで処断したさきの第十三方面軍のケースがあげられよう。この処断に関し、一九四八年三月二十九日の戦犯裁判オカダ・ケースの公判で柴山兼四郎元中将が、バーネット検事との問答中、指示は必ずしも求めなくてもよい、とのべているのは関心をひく（成田メモ）。同元中将が一九四四年八月から敗戦一カ月前までの陸軍次官であっただけに、なおさらである。

問「昨日の証言によれば、陸亜密第一二八九号の一部にある、即《すなわ》ちその案の処理に当っては極刑《ママ》を以《もっ》て臨《のぞ》まんとするときは、予《あらかじ》め中央当局の指示を待つべしとあるのに、中央の指図を待つ必要はない、と云《い》いましたね」

答「必要がないとは云わぬ」

問「それでは、軍律会議で飛行士を裁判《ママ》する前には指示を受ける必要がありますか」

答「普通の場合はある」

問「では、連絡がとれた場合の意味はどうなるか」

答「急を要し、時間の余裕なき場合、交通通信の途絶している場合は独断でやるべきである。その事が許される」

バーネット検事のこの尋問につづく沢辺金二郎弁護人の問いにも、同日、柴山元中将はさらにこう答えている（成田メモ）。

問「軍司令官が此《こ》の命令に違反した行為を為したとき、その行為は違法となるか」

答「法律的な意味では違法ではないが、此の主旨に違反した時は、行政的処分を受けることがある」

問「その行政的処分を受けるのは軍司令官か」

答「そうです」

問「行政的処分とは如何《いか》なる処分ですか」

答「譴責《けんせき》、停職、若《もし》くはその職を免ず、転任等がある」

問「軍司令官が指示を受けないでした行為は無効とならぬか」

答「有効なり」

柴山元中将の答弁は、略式手続きによる処分すなわちオカダ・ケースを擁護するものだった。だが、場合によっては陸軍大臣の指示なしでもかまわないというこの答弁は、軍律審判の本来的な性格の提示ともなっている。審判規則による軍律法廷の設置やそこで適用される軍律の制定は、もともと、各軍の最高指揮官の専権だった、という事実を改めて確認することができる。

2　審判の請求

審判請求機関としての検察官

一九四五年七月の六日あるいは七日、東京の第一総軍法務部の田中栄三法務大尉より、名古屋へ帰っていた伊藤法務少佐に電話があった。捕獲搭乗員十一名にたいし、軍律審判で死罰も可という陸軍大臣からの指示の出たことを内報する、第十三方面軍司令官あてのものだった。

電話をうけた伊藤法務少佐は、法務部長の岡田痴一法務少将へそのことをつたえた。そしてただちに、岡田法務部長の命令で審判請求の手続きにはいった。こんどは、捜査機関でなく、審判請求機関としての検察官、伊藤法務少佐の登場である。

具体的にはまず、軍司令官の岡田資中将が第十三方面軍軍律会議長官として出す審判請求命令の、裁判でいえば起訴の命令案をつくる。つぎに、それを長官である岡田中将のもとへ持参する。長官の同意がえられると、審判請求命令案はそのまま審判請求命令となる。これで、長官から審判請求の命令が検察官あてに出たことになる。この命令をうけて、伊藤法務少佐は起訴状にあたる審判請求状をつくる。

一九四八年二月四日の戦犯裁判イトウ・ケースの公判で、マドリックス弁護人と伊藤元法務少佐はこう問答する。

問「田中〔法務〕大尉から電話の後、君は何をしましたか」

答「岡田法務部長に報告致しました」

問「部長は何と言いましたか」

答「起訴《ママ》の手続《てつづき》をとれと言いました。それは、起訴の命令を受ける手続をとれ、と言うことです」

問「軍司令官の命令が出た後、君は何をしましたか」

答「起訴命令《ママ》が出ると起訴《ママ》状を作ります。これで検察官の起訴に対する任務は終ります」

問「起訴命令は君が作ったのか」

答「命令案は私が作り、軍司令官の認《みとめ》を受けました」

問「君は自分で軍司令官の処《ところ》へ持って行ったのか」

答「ハイ」

問「彼は何をしましたか」
答「私は第《ママ》一総軍の認可があったから起訴の命令を下さいと言えば、宜敷《よろし》いと自分の印を捺《お》しました」
問「それから何をしましたか」
答「高級副官のもとに行き、職印を捺してもらいました。以前の印は岡田と言う印で、今のは第十三方面軍司令官と云う印です」

問答中の「宜敷いと自分の印を捺し」たのは、「岡田と言う印」すなわち個人印で、「高級副官のもとに行き、職印を捺してもら」ったのは「第十三方面軍司令官と云う印」すなわち職印で、両方をあわせて、第十三方面軍軍律会議長官岡田資を表示する。同軍軍律会議長官という印のないことに注意したい。軍律法廷の長官とは、軍法会議の長官もそうであるが、軍律法廷もしくは軍法会議の主宰者としての軍隊指揮官の名称であった。特定の官や職ではなかったから、長官の印はないのである。

審判請求の手続きは、請求機関である検察官伊藤法務少佐のこうした自作自演もどきで進行する。このような手続きをおこなうには法的技術が必要である。だから、原則的に、軍の司法官である法務部将校の務める検察官がなすのもうなずけよう。長官は軍隊指揮官であり、法的実務においては素人なのである。

すでに明らかなように、公式上、審判請求の命令は軍律法廷の長官としての軍司令官が出す。不請求の命令もそうである。これらは長官の専権だった。検察官にその権限はない。検察官は長官の指揮・命令によってこれをおこなうにすぎない。

審判請求権は長官すなわち軍隊指揮官が有する。軍律法廷が統帥権の下におかれる、といえる一面である。

軍法会議でも公訴権は長官が有する。軍法会議が司法機関であるにもかかわらず、「行政機関による裁判」ともいわれる所以だろう（安田寛『防衛法概論』）。この点、軍律法廷も軍法会議も、検事が公訴権をもつ普通裁判所のシステムとは異なる。

審判に付す

岡田資中将は第十三方面軍軍律会議長官として、審判の開始へむけ、審判請求の命令を出した。

伊藤法務少佐は、この命令を審判請求機関である検察官としてうける。命令は書面でなされるが、もともと伊藤法務少佐のつくったものである。書面には捕獲搭乗員十一名が被告人として示され、五月十四日の無差別の爆撃行為が違背事実として記されていた。

審判請求の命令をうけて、伊藤法務少佐は、第十三方面軍軍律会議検察官・陸軍法務少佐として第十三方面軍軍律会議に審判の請求をする。請求は審判請求状によっておこなう。その作成は審判請求機関としての検察官の専権だった。

審判請求状には、被告人名、違背行為事実、罪名などが示されることになっている。だから、捕獲搭乗員十一名全員の氏名、無差別爆撃の行為事実が記され、そして、その行為が空襲軍律である「第一総軍軍律」第二条に該当すること、したがって第十三方面軍軍律会議の審判に付すべきものと思料する、と書かれていたはずである。

また、この審判請求状には事件の一件記録にくわえて証拠物件もつけられていたにちがいない。一件記録とは憲兵調書や検察官調書などである。証拠物件は捕獲搭乗員たちが身につけていた認識票ほかであった。

ちなみに、こうしたものは、その後、太平洋戦争の敗戦とともに、他の文書類といっしょに火中に投じられてしまった。他の部隊の場合と同じく、第十三方面軍司令部あげての処分であった。ただ、搭乗員の認識票や指輪は、金属性だったために焼け残り、のちに、焼却につかわれた穴から掘り出された。

掘り出したのは、焼却した同軍司令部である。連合国側の戦犯追及に備えるための、捕獲搭乗員十一名にたいする軍律審判の確認調査の過程においてだった。一九四八年二月二日の戦犯裁判イトウ・ケースの公判における、織田勇三元少佐の証言である。かれはその調査を担当した同軍の元参謀だった。

さて、検察官伊藤法務少佐からの審判請求状が第十三方面軍軍律会議に到着すれば、捕獲搭乗員十一名の「第一総軍軍律」違反被告事件は同軍軍律会議の審判に付されたことになる。こうして、いよいよ軍律審判は始まる。

3　軍律と軍罰

このあたりで、捕獲搭乗員十一名への軍律審判から離れて、軍律ではなにを罪とし、それにたいしてどんな罰則が設けられていたか、をのべておこう。

規定に際して

たとえば、十一名の捕獲搭乗員たちは、審判に付され、空襲軍律「第一総軍軍律」違反の行為が認定されれば、罰をうける。違背行為もそれに科される罰も、その軍律に定められている。軍律の制定は軍の最高指揮官の専権だったが、しかし、だからといって、罪と罰をまったく自由に規定できるわけでもなかった。

国際法上の制約があった。国際法違反の戦争犯罪を処断するのに、交戦に関する法規や慣例に抵触する規定を設けてはならないのである。たとえば、「陸戦の法規慣例に関する規則」第四十五条は「占領地の人民は之《これ》を強制して其《そ》の敵国に対し忠誠の誓《ちかい》を為《な》さしむることを得ず」と定めている。これに反する規定を軍律におくことはできない、というわけである。

また、作戦地・占領地となっているところの法令や慣習にも目配りしなければならない。それらとかけ離れた軍律ならば、守られにくくなる。

こうした制約のもとで、なにをどう規定すれば自軍の利益になるかが検討され、軍律は定められる。その際には、軍刑法をふくむ自国の刑事法令や先行の軍律も参酌《さんしやく》される。もちろん、それぞれの現地の法令や慣習にくわえて国際法においても勘案される。国際法についていえば、ドーリットル空襲で空襲軍律が検討されたとき、「空戦法規案」がふまえられたことは繰り返した。

軍律の制定にあたってはさらに、同時期の軍律どうしでバランスがとれているように配慮する必要も出てくる。各軍の軍律において、たとえば同種の行為事実にたいする罰があまりにまちまちであっては困る。軍中央が必要に応じ、軍律のモデル案をつくり、現地軍へ送ることの多い理由もここにある。空襲軍律の場合、防衛総司令部ほかあての参密第X

号と支那派遣軍あての参密第三八三号第一に軍律のモデル案がついていたことはさきに記した。

これよりもずっとはやく、海軍において、支那方面艦隊で軍律「支那方面艦隊軍罰令」が制定されたときも、モデル案文は海軍中央から同艦隊へ送られている。同軍律の制定は「支那事変」期の一九三七年十二月十五日だった。前出の馬場東作元法務中佐が、まだ若い海軍省法務局員のときに起案したものである。

この起案にあたっては日露戦争期のものなど、おもに先行の軍律が参考にされた。できあがった軍律の草案は、法務局内の回覧となり、法務局長の承認をえたのち、軍務局、人事局、教育局、大臣官房の閲覧を経て、法務局長名で支那方面艦隊へモデル案として送られたというのが、馬場元法務中佐の述懐（同氏書簡）である。

ただし、送られたといっても、それはあくまで参考のための案文である。重ねていうが、軍律審判にかかわることはすべて、作戦地・占領地の軍の最高指揮官の専権なのである。

では、送付をうけた支那方面艦隊はどう対処したか。当時、同艦隊で「支那方面艦隊軍罰令」の制定に主務者として関与した小西武夫、のちの元法務大佐はこう語る（同氏書簡および談話）。

「だいたい、それをもう、土台にして司令部で」つくった。すなわち、モデル案を下敷きに、先任参謀の高田利種《としたね》中佐とふたりで決定し、参謀長の了解をえ、最後に艦隊司令長官の承認をもらい、「支那方面艦隊軍罰令」はできあがった。そして、同長官名で制定された。

こうした、モデル案の作成・送付から軍律の確定・制定にいたるまでの流れはまた、軍律法廷の設置根拠である審判規則の場合でも同じだった。陸軍においても、こうしたパターンは変わらない。

だれが審判されるか

ドーリットル空襲をきっかけにしてうまれた防衛総司令部の「空襲の敵航空機搭乗員の処罰に関する軍律」や、これを後継する「第一総軍軍律」といった空襲軍律は、無差別攻撃をしたとされる敵機捕獲搭乗員にたいして適用された。したがって、空襲軍律により、軍律法廷で審判されるのは、名古屋空襲で捕えられた十一名のような者だけであった。

しかし、空襲軍律以外の軍律の対象者はもっと広い。たとえば、南方軍の場合をのべよう。一九四二年九月十日に施行された「南方軍軍律」の第一条には、「本軍律は南方軍の作戦地域内に在《あ》る者に之《これ》を適用す但《ただ》し泰《タイ》国及仏領印度支那《インドシナ》に在る者は此《こ》の限《かぎり》に在らず」「帝国臣民に対しては帝国の法令に依《よ》り処罰すること能《あた》わざる場合に限り本軍律を適用す」とある。なお、やはり同日施行の審判規則「南方軍軍律審判規則」の第一条は、「南方軍軍律に違反したる者は軍律会議に於《お》いて審判す」と定めている。

「南方軍軍律」にもとづき、同軍の軍律法廷で審判される者の範囲はこのように広く、おおむね南方軍の管轄区域内の者すべてである。限定的とはいえ、ここでは軍律の適用除外になることの多い日本国民まで、日本の法令で処罰できなければ対象とされていた。

一方、海軍の同時期における連合艦隊の軍律「連合艦隊軍罰令」の第一条では、「帝国臣民以外の人民」となっている。つまり、「南方軍軍律」の場合と同様に、対象者は広く、具体的には現地の住民や「第三国人」などである。この期の「支那方面艦隊軍罰令」第一条も、陸軍の「北支那方面軍軍律」第一条もまったく同じ規定になっている。陸・海軍を問わず、このような文言の規定が、軍律では一般的である。

ふつう、軍律法廷で審判されるのは自国民以外の者なのだが、異例的に、日本国民だけを対象とする軍律もみられる。一九四〇年六月十一日より施行された支那方面艦隊の軍律「人心惑乱《わくらん》、秩序紊乱及《びんらんおよび》金融経済攪乱《かくらん》行為に関する軍罰令」は数少ないその一例である。

軍律に違反した者は、軍律法廷で審判される。しかし、すでにふれたように（一二三ページ）、軍法会議がつかわれるまれな例外もあった。

例外といえば、さらにつぎのものもあげられよう。「南方軍軍律審判規則」の第一条が、さきに引用したくだりにつづいて、「但し占領地裁判機関に於て審判するを適当とする者は同機関をして審判せしむることを得」とする「占領地裁判機関」である。南方軍下では、軍律法廷でなくても、ここで、「南方軍軍律」第一条違反者を審判することもできたのだった。

一九四二年十月現在、南方軍下の「占領地裁判機関」としてはたとえば、ジャワの第十六軍の軍政法院、ボルネオ守備軍（のち、第三十七軍へ改編）の通常裁判所があった。それぞれの軍司令官が軍律法廷とは別に設けたものである。審判には日本人のほか現地人もその一員としてくわわった。

南方軍下では、同軍の作戦地・占領地が、多様な住民から構成される東南アジア地域に広くおよんだため、風俗や習慣、宗教のちがいといった、留意すべき政策上の多くの点がすくなからず生じた。ここから、「占領地裁判機関」の設置が考えられたのだ、といえるかもしれない。複雑な利害関係のからむ地において、軍律法廷一本で押していけばその地の反感を買うおそれも想定される。そうなると、結局は自軍の安全に影響するとみられたためだった、ともみなせようか。

軍律法廷の土地管轄、すなわちどの軍律法廷がどの地域で起きた事件を審判するかは、作戦地・占領地の軍の最高指揮官のもつ司令権の範囲とおよそ一致した。軍律法廷は、その指揮官によって設けられるものだから、これはいわば当然のことでもある。

対象となる行為

空襲軍律が処罰の対象とする違背行為は、さきにみた「第一総軍軍律」第二条で明らかなように、戦争犯罪となる無差別攻撃だけだった。しかし、ふつうには、軍律の規定する違背行為はまだまだ多い。ここでも、南方軍の場合をみておこう。「南方軍軍律」の第二条はこう規定する。

左に記載したる行為を為したる者は軍罰に処す

一　帝国軍に対する叛逆《はんぎゃく》、又は間諜《かんちょう》行為

二　帝国軍の作戦を妨害する行為

三　人心を惑乱《わくらん》し秩序を紊乱《びんらん》し、又は金融若《も》しくは経済を攪乱《かくらん》し、因《よ》つて軍の作戦地域の治安を紊《みだ》り、軍政の施行を疎害する行為

四　特に軍罰を以《もつ》て制裁すべきことを定めたる南方軍総司令官、又は其《そ》の隷下各軍司令官の禁令に違反する行為

五　前四号の外《ほか》、帝国軍の安寧《あんねい》を害し、又は軍事行動を妨害する行為

前項の行為の教唆《きょうさ》、幇助《ほうじょ》、煽動《せんどう》、予備、陰謀又は未遂亦《また》同じ

前にもみたように、軍律で定められる違背行為の種別は、戦争犯罪＝war crimeと戦時反逆罪＝war treasonである。前者は国際法違反の行為、後者は国際法にふれようとふれまいと自軍の行動を害する行為だった。

「第一総軍軍律」は戦争犯罪だけを定めていたが、「南方軍軍律」は、それにくわえて戦時反逆罪も規定する。文言上は、一見、戦時反逆罪だけのようだが、戦争犯罪が落ちているわけではない。戦争犯罪の多くは、戦時反逆罪が犯される過程で生ずる。

たとえば、銃を用いる、「南方軍軍律」第二条第一項第二号（一―五のそれぞれを号、一―五全体を項という）にいう「帝国軍の作戦を妨害する行為」があったとする。これは戦時反逆罪である。しかしその際、銃に、国際法の禁じるダムダム弾が用いられたとしよう。すると、この行為は同時に、戦争犯罪でもある。ただ、表向きは「南方軍軍律」第二条第一項第二号違反の戦時反逆罪とのみ捉えられ、戦争犯罪という違背行為が表面に出てこないにすぎない。

ダムダム弾の使用は、一八九九年の国際法「人体内に入《いり》て容易に展開し又は扁平《へんぺい》となるべき弾丸の使用を各自に禁止する宣言書」（ダムダム弾禁止宣言）で禁じられている。命中

したとき、弾頭部の鉛が裂けて拡大し、殺傷力がおおきくなるためである。

戦争犯罪は、軍律に明文の規定のないかぎり、表面的には放任のようにもみえる。しかし、これを犯せば、第二条中のいずれかに該当することになり、処断されよう。この実態からしても、軍律の規定に戦争犯罪が落ちているとは必ずしもいえない。

「南方軍軍律」第二条の定める違背行為のパターンは、海軍の「連合艦隊軍罰令」第二条などのものともほぼ同じである。「南方軍軍律」第二条の規定は、太平洋戦争期の各軍律が定める違背行為の公約数ともいえる。

もちろん、空襲軍律以外にも、「支那方面艦隊軍罰令」第二条第七号の「帝国軍を害する目的を以て毒物、細菌を使用する行為」のように、戦争犯罪を明らかに定める軍律もある。が、数はすくない。この第七号の行為は、たとえば一九二五年の「窒息性《ちっそくせい》毒性又は其の他の瓦斯《ガス》及《および》細菌学的戦争方法を戦争に使用することを禁止する議定書」（毒ガス等の禁止に関するジュネーヴ議定書）に違反する。したがって戦争犯罪なのである。

ところで、「南方軍軍律」第二条からは、違背行為の内容に具体性がない、ということに気づかされるだろう。陸・海軍刑法という軍刑法や普通刑法のように、殺すな、盗むな、壊すな、と具体的ではない。「帝国軍の安寧《あんねい》を害」するな、「軍事行動を妨害」するな、という抽象的な規定である。

違背行為のこのような規定の仕方は、「北支那方面軍軍律」や「連合艦隊軍罰令」でも同じである。軍律は、こうした曖昧ともいえる規定方法を一般的な傾向として帯びている。法でいえば法的安定性がない、ということになる。これでは、軍律の対象者は安心して行動できない。多くの場合、自己の危険負担において、なにが違背行為かを判断しなければならなくなるからである。

ただ、法では問題になろうこの曖昧さも、軍律だからこそ許されるのだ、ともいえる。いや、むしろ、この性格、つまり広い解釈の可能性こそ計算されたものだったとも考えられる。

軍律の制定目的は、軍律法廷の運営とあいまって、作戦地・占領地の、終局的には自軍の安全を確保するための威嚇《いかく》にあった。したがって、どんなことで罰せられるかがはっきりしなければ、対象者は困惑し、萎縮《いしゅく》する。つまりは威嚇に役立つ。軍律の抽象性はこの威嚇目的とつながるものともいえよう。

もっとも、具体性を欠くという一般的な傾向を否定するような例外的な規定もないわけではない。さきほどみた第七号で毒ガスと細菌による戦争犯罪を定めていた「支那方面艦隊軍罰令」の第二条である。全九号のうち、第二号と第四号から第七号まで、および第九号が軍律にしては具体的なかたちで定められている。ちなみに、第七号以外は戦時反逆罪である。

一　帝国軍に対する抗敵《こうてき》行為

二　間諜行為

三　帝国軍所属者に対し危害を加うる行為

四　帝国軍の用に供《きょう》する鉄道、電信、電話、道路、橋梁、水路等を損壊《そんかい》し、其《そ》の他《た》交通通信を妨害する行為

五　水道、電灯等を損壊する行為

六　帝国軍の兵器弾薬、其の他軍用に供する物を盗奪《とうだつ》し、又は損壊する行為

七　帝国軍を害する目的を以《もっ》て毒物、細菌を使用する行為

八　前諸号の外《ほか》、帝国軍の安寧を害し、又は軍事行動を妨害する行為

九　占領地に於《お》いて他人の身体、財産に危害を加え、其の他安寧秩序を紊《みだ》る行為

右の、第二号の間諜行為であるが、これは、「間諜」という具体的なかたちで、どの軍律にも例外なく規定されている。間諜は戦いの帰趨《きすう》を左右しうる、される側にとっては深刻な違背行為だから、どうしても防ぎたいのだろう。第一号の「帝国軍に対する抗敵行

為」ほかでも対処できるのを承知で、間諜をあえて別個の独立規定にしたものと考えられる。独立規定とする以上、具体的なかたちにならざるをえなかったのである。

とはいえ、国際法上、間諜行為は禁じられていない。「陸戦の法規慣例に関する規則」第二十四条は「奇《き》計《けい》並《ならびに》敵情及《および》地形探知《たんち》の為《ため》必要なる手段の行使は適法と認《みと》む」とまでいい切っている。しかし、交戦相手国が、自国や自軍の安全保持上の配慮から、審理したうえで戦時の犯罪人として処罰するのはいっぱんに認められているのである。

どんな罰をうけるか

空襲軍律である「第一総軍軍律」では、第二条に違反した者は、第三条の定める罰つまり軍罰をうける。ここでの軍罰は死と監禁しかない。第三条には「軍罰は死とす　但《ただ》し情状に依《よ》り無期又は有期の監禁を以《もっ》て之《これ》に代《か》うることを得」とある。名古屋空襲で捕まった十一名は、この規定で罰を選択されることになる。

軍罰が二種しかないのは空襲軍律だけである。他の軍律ではおおむね、死、監禁、追放、過料《かりょう》、没取《ぼっしゅ》、だった。

「南方軍軍律」にも、第四条第一項に、「軍罰を分《わか》ちて死、監禁、追放、過料及没取とす」というくだりがある。「北支那方面軍軍律」とともに北支那方面軍の軍律を構成する

「北支那方面軍軍罰令」の第二条でも、「支那方面艦隊軍罰令」の第六条でも、同種の軍罰が定められている。ただ、「連合艦隊軍罰令」には追放だけがない（第五条）。

軍刑法や普通刑法（つまり〝法〟）の用語でいえば、死は死刑という生命刑、監禁は懲役という身体の自由を奪う自由刑、過料と没取はそれぞれ科料および没収という財産刑に、追放は自由刑である同名の追放に相当する。没取は他の軍罰といっしょに科せられる付加《ふか》罰《ばつ》にあたる。

軍律は法令ではなく、軍罰も刑罰ではないから、このように法とは異なったいい表わし方をする。(1) 軍律法廷に関する用語でも、裁判、公判廷、処刑などと表わすのは誤用で、順に審判、審判廷、処罰である。ただ、追放にかぎって、軍罰名で法と同じ文言がつかわれているのは、当時の日本において追放刑がなくなっていたせいだろう。

軍罰としては、そのほか、たとえば日露戦争期に草案のままで施行された「第一軍軍律草案」の第五条は「枷笞杖《かちじよう》」を、旅順口鎮守府《りよじゆんこうちんじゆふ》の「軍罰規則」の第二条は「笞《ち》」を規定している。刑罰でいえば身体刑である。しかし太平洋戦争期では、それらはもはやみられない。軍刑法や普通刑法においても身体刑はなくなっている。社会の進展にともなって、身体刑は、刑罰上から消えていく傾向を示している。軍罰もそれに準じたものといえる。

ところで、「第一総軍軍律」第五条は、「特別の事由《じゆう》ある場合は軍罰の執行を免除す」と定めている。審判宣告ののちの、執行の段階における免除規定である。「南方軍軍律」の第十二条も、「軍罰は総司令官又は軍司令官の命令に依《よ》り其の執行を免除することを得」と同じ規定をおく。

「第一総軍軍律」には、「南方軍軍律」のように「総司令官又は軍司令官」といった免除権者は明示されていない。だが、「執行を免除」できるのはその軍の最高指揮官のほかにはない。伊藤法務少佐らの第十三方面軍でいえば同軍司令官ということになる。

最高指揮官のもつ執行の免除権は、軍律法廷の長官であるかれに与えられた、執行に関する行為という権限内のものである。ここでも、軍律審判にたいしてもつ最高指揮官の大きな権限が知られよう。

なぜ、執行が免除される場合があるのか。これに関しては、海軍省法務局が一九三九年に表わした見解が参考になる（同局『支那事変海軍司法法規』）。後段の「蓋《けだ》し」以下は、有賀長雄『日露陸戦国際法論』によっている。

死罰の如きも、必ずしも言渡《いいわた》した後《のち》に於《お》て必ず執行せざるべからざるものではない。之《これ》を軽減し又は全《まった》く其《そ》の執行を廃止することが出来る。蓋《けだ》し軍律の目的は、徳義《とくぎ》に反し又は公益を害する行為を禁止するよりも、寧《むし》ろ脅嚇《きょうかく》して、我軍に有害なる行為を為《な》さしめざるに在《あ》るのであるから、既《すで》に其の目的を達した上は必ずしも違反を罰するを必要と認めないからである。

免除の例をあげよう。シンガポールに司令部をおく第三航空軍の軍律法廷があつかったある事件の場合である。第三航空軍の通称は司《つかさ》集団だったから、そこの軍律法廷は司集団軍律会議と称された。同軍は南方軍の隷下にあった。

事件というのは、第九飛行師団所属の鈴〇〇〇陸軍一等兵（二十五歳）の殺害とその死体遺棄にかかわるものである。三名のインドネシア人が犯人として審判廷に立たされた。一九四四年九月二十四日、同軍律会議はかれらへ処断を言い渡した。

かれら三名は、「南方軍軍律」のさきにみた第二条第一項第五号前段「前四号の外《ほか》、帝国軍の安寧《あんねい》を害」する行為、すなわち安寧妨害に該当すると認定された。そして、これもさきにふれた第四条と、第六条「監禁は一月以上とし総司令官又は軍司令官の指定する場所に拘置《こうち》し労務に服《ふく》せしむ但《ただ》し情状に因《よ》り労務を免ずることを得」を適用され、監禁罰が言い渡された。

被告人の、マ〇〇（五十歳）は監禁八年、マ〇〇〇（三十五歳）は同四年、ド〇〇〇（三十歳）は同一年だった。審判廷でのかれらの供述、かれらにたいする憲兵調書である陸軍司法警察官の聴取書、同司法警察官の実況見分書、鈴〇〇〇一等兵への軍医の死体検案書が証拠とされた。

日本兵殺害事件で、この罰量はきわめて軽いといえる。ふつうはまず死である。事件の原因が、マ〇〇の妻にたいする日本兵の加害行為にあったためだろう。もっとも、審判書は殺された鈴〇〇〇一等兵を加害者とは断定していない。

軍律にふれる行為はきちんと取り締まらなければ、示しがつかない。だが、原因をつくったのは、もともと日本兵のほうだった。とすれば、きびしい処断では現地の感情が悪化するおそれもある。ひいては、軍の安全に影響をおよぼしかねない。つまるところ、監禁罰は、取り締まり姿勢の断固たる誇示と現地の感情を嚙みあわせた計算ずくでの結果だったと考えられる。

しかもこの計算は、当の監禁罰の執行免除にまでいきついてしまう。気遣わなければならない現地の感情と、表立って非を認めるわけにもいかない軍の威信を背景に、いったん監禁罰で「脅嚇して」「既に其の目的を達した上は必ずしも［安寧妨害という軍律］違反を罰するを必要と認めない」として、さきの「南方軍軍律」第十二条が発動されたわけである。かれらへの審判書上には、審判宣告二週間目の十月八日の日付で、「軍罰免除」と記入されている。(2)

執行の免除規定をもたない「連合艦隊軍罰令」や「支那方面艦隊軍罰令」のような軍律もあるが、この場合、軍罰を科する軍律の適用段階での配慮で、そのきびしさも緩和しえた。一九四一年現在、こういわれてもいる（信夫淳平『戦時国際法講義』第二巻）。

> 軍律の目的は（中略）平《ひら》たく云《い》えば厳罰を以《もつ》て予《あらかじ》め住民を威嚇するにあるから、苛厳《かげん》の罰例を掲げたからとて是非《ぜひ》共之《ともこれ》を課すとは限らず、情状を酌量《しやくりよう》してその適用を自在にする、そこに軍律の伸縮性を認むべきである。

しかし一方では、この「南方軍軍律」のように、執行時に免除できる規定を設けるのと同時に、たんなる解釈・応用ではなく、規定として、軍律の適用段階で罰を免除しうる条文まで備える軍律もあった。「南方軍軍律」第三条は、さきにあげた第二条をうけて、「前条の行為を為したる者にして犯情憫諒《びんりよう》すべきもの在るときは其の軍罰を免除することを得」としている。

適用段階や執行段階における軍律のここまでの融通性は、法や裁判ではおよそ許されない。これは、軍律の制定と軍律法廷の設置が意図する威嚇からくる反射的な効果にほかならない。いくどか記したように、軍律は法令でなく、審判規則による軍律法廷も司法機関ではないのである。

（1）これまで、引用文中でしばしば「ママ」と誤用の箇所にルビをふってきたのも、この理由による。

（2）検察官は、兵科将校の高橋敏行大尉が「南方軍軍律審判規則」第五条にもとづいて検察官職務取扱として務めた。軍の司法官である法務部将校ならば、検察官職務取扱でなく、検察官と表わされる。審判長は第九飛行師団参謀長の河辺《かわべ》忠三郎大佐だった。審判官は法務部将校の三田善也《よしや》法務中尉と、井家与三次少尉が務めている。

四　審判の開始

1　列席者

七月十一日に始まった

一九四五年七月十一日の朝、捕獲搭乗員十一名にたいする軍律審判は第十三方面軍軍律会議で開かれた。敗戦直前の夏のさかりだった。五月十四日の名古屋への無差別攻撃の事実は明らかだとして、かれらは空襲軍律「第一総軍軍律」の第二条違反に問われたのだった。

審判廷には、十一名の被告人のほか、審判長である審判官の松尾快治少佐、陪席審判官の山東《さんとう》広吉法務中尉と片浦利厚中尉、それに検察官の伊藤法務少佐がいた。松尾少佐と片浦中尉は兵科将校、山東法務中尉と伊藤法務少佐は軍の司法官である法務部将校だった。

書記を務める録事の浜口栄一法務准尉《じゅんい》もいた。審判廷の警衛などにあたる警査《けいさ》の姿もあった。

傍聴人はいなかった。軍律法廷は非公開が決まりだった。特設軍法会議に準じたものである。ただ、軍の関係者が傍聴するのは、非公開の原則の例外として特別に許されていた。審判長のうしろには、法務部長の岡田痴一法務少将の姿がみえた。

審判廷は審判官、検察官、録事の出席がなければ開くことはできない。第十三方面軍軍律会議の根拠をなす審判規則「第一総軍軍律会議規定」第七条がそう定める。「南方軍軍律審判規則」第七条、「北支那方面軍軍律会議審判規則」第六条も、同じ規定をもつ。

ちなみに、「連合艦隊軍罰処分令」「支那方面艦隊軍罰処分令」にはこうした規定はない。三者の列席は当然のこととみられていたからだろうか。軍法会議でも、常設と特設を問わず、公判は裁判官、検察官、録事の列席のもとで開かれた。

審判官と検察官がいなければならないのはいうまでもない。裁判でいえば裁判官にあたる審判官は、審判をなすための会議、つまり審判軍律法廷を構成し、審理の結果としての判断を下す。検察官は長官の命令により審判を請求し、軍律の正当な適用を求める。

では、録事はどうか。審判の調書をつくる。この調書は審理の手続きの進行を認証するもので、録事が職権で作成する。だから、三者の列席はどうしても必要なのである。

なお、裁判官に相当するポストを審判官と称したのは軍律法廷が司法機関でないからだった。行政機関である準司法機関において公的判断としての審判をなす者は、いっぱんに審判官とよばれる。このころの海員審判所や現在の特許庁審判部の審判官はその例である。軍法会議は司法機関であるから、裁判官という。検察官の場合は、軍律法廷でも軍法会議でも検察官といい、検事とはいわない。普通裁判所では逆に検事とよび、検察官という名称はなかった。

ここでの審判廷には右の三者のほか、前にのべたように警査もいた。正式には通事とよばれる通訳の新本敏夫上等兵もいた。かれは捜査・取り調べ段階からの通訳だった。

第十三方面軍軍律会議で、審判官、検察官、録事、警査、通事の五職をおくことは、「第一総軍軍律会議規定」の第五条にもとづくものだった。どの職を軍律法廷におくかは、各軍の審判規則の規定にゆだねられる。

ただし、審判官、検察官、録事は不可欠であって、どの審判規則にも配置する旨の規定がある。さきの、審判廷を開く際の出席者の規定を欠く「連合艦隊軍罰処分令」「支那方面艦隊軍罰処分令」も、この配置を定めるそれぞれの第四条をおいている。

長官の命令

松尾快治少佐を審判官にし、浜口栄一法務准尉を録事にするといったふうに、だれをどの職にあてるかは、当の軍律法廷の長官が命じる。これも、根拠は「第一総軍軍律会議規定」第五条に求められる。「南方軍軍律審判規則」第五条など、他の審判規則にあっても同じである。もっとも、こうした規定の有無にかかわらず、その選任はもともと長官の権限に属するものだった。

軍の最高指揮官は軍律法廷を設け、その主宰者となる。この主宰者としての最高指揮官の地位を軍律法廷の長官という。さきにのべたように、長官は特定の職や官ではなく、職印はもたない。最高指揮官は、最高指揮官という資格において長官の職務をおこなうのである。

軍律法廷における長官の職務は、審判請求上の行為と審判請求外の行為に大別される。前者は、捜査を指揮して、捜査の段階まで事件を終結し、あるいは、さらにつぎの段階である審判の請求を命じるなど、審判請求の手続きに関する行為である。後者は審判請求手続きをすすめる前提としての行為であり、「第一総軍軍律会議規定」第五条による審判官の選任はその一例である。

長官はしかし、そうした行為を自分で直接おこなうわけではない。最高指揮官イコール長官だったとはいえ、最高指揮官と長官という地位が並列するのではない。最高指揮官であることの結果として、長官なのである。あえていえば、優先順位は最高指揮官の方にあった。

とくに戦時においては、最高指揮官としての眼目は、なによりも戦闘・作戦行動にある。だから、軍律審判関係の細かいところまでは手を出さない、というより手のまわらないのが実情だった。

したがって、審判関係にたいして有する長官の権限の行使それ自体は、法務部将校である法務スタッフがおこなった。新本敏夫上等兵が通訳になったのも伊藤法務少佐の采配だった。浜口栄一法務准尉の録事も同じだった。戦犯裁判イトウ・ケースの一九四八年一月三十日の公判で、かれは、伊藤法務少佐から軍律法廷の録事を務めるように命じられた、とのべている。

伊藤法務少佐のこうした行為が、法務スタッフの統括者である法務部長、岡田痴一法務少将の了解のもとでなされたのはいうまでもない。のちにみるように、審判官も法務部長の責任で決められた。伊藤法務少佐を検察官にしたのも法務部長だった。

軍律審判など、法務にかかわることは法務スタッフにまかせていた、とは太平洋戦争の終結時、海軍省軍務局次長兼軍令部第二(軍備)部長で、中佐期に支那方面艦隊先任参謀を務めていたさきの高田利種元海軍少将の述懐(同氏書簡)である。つまるところ、長官のもつ下命権などの職務権限の実態は、最終責任権ないし指揮監督権といった程度のものといえる。法務スタッフの内定事項を承認するだけ、といってもまずまちがいない。

とはいえ、長官である最高指揮官がノーといえばすべてはくつがえる。軍律法廷が行政機関的、さらには統帥機関的な色彩を帯びているわけが、職員の下命形式からも理解できよう。

2　審判官

審判官は三名

第十三方面軍軍律会議の審判官は、審判長をいれて三名だった。うち、兵科将校が二名、法務部将校が一名である。これは「第一総軍軍律会議規定」第五・六条にもとづく。この定数と内訳は、どこの軍律法廷にも共通している。「南方軍軍律審判規則」第五・六条ほか、他の審判規則も同じ規定をもつ。

ところで、「軍律法廷」というのは、もともとふたつの顔をもつ。組織体である官庁という広義のものと、さきに審判軍律法廷ということばをつかったが、具体的な事件について審判する合議機関という狭義のものである。

広義のものは検察部門も審判部門も、また審判規則が定めていれば予審部門をもふくむ。審判はしない。これまでに軍律法廷といってきたものがこれである。以下においても、とくにことわらないかぎり、軍律法廷といえばこの意味のものをさす。

個々の事件を担当する審判官や検察官は、広義の軍律法廷の審判組織や検察組織へ、所属する軍の命令であらかじめ配置されている審判官もしくは検察官のなかから、長官が命じる。のち（一六八ページ）にあげる伊藤法務少佐への、「十二月一日　第十七軍軍律会議審判官、検察官を命ず〔第十七軍〕」が、あらかじめの配置を示す軍命令の例である。

狭義の軍律法廷は、右にみた三名の審判官で構成する合議体の審判機関であり、個々の事件を実際に審理する審判軍律法廷である。この意味での軍律法廷は常置されていない。長官が事件ごとに定数の審理官を任命して、構成される。審判が終われば消滅する。つまり、審判機関としての軍律法廷は特定の事件があるときにのみ存在するのである。したがって、審判合議体としてのこの狭義の軍律法廷には常置の審判官はいないということになる。

審判合議体の審判官は兵科将校と法務部将校からなる。うち、二名の兵科将校は、あらかじめ軍律法廷の審判官を命じられている兵科将校もしくは事件ごとの審判に際して新たに手配された兵科将校のうちから、長官が選任する。

兵科将校の審判官には、便宜上、軍法会議の裁判官のうちの判士《はんし》を命じられている者から借用する場合もみられる。軍律法廷を設置している軍には必ず軍法会議が設けられており、前もっていく人かの兵科将校が軍法会議の判士を命ぜられているのである。判士とは審判合議体としての狭義の判決軍法会議における、兵科将校が務める裁判官のことをいう。兵科将校をあてる軍律法廷の審判官や軍法会議の判士にだれをもってくるかのお膳立ては、もちろん法務スタッフがおこなう。

審判合議体としての審判軍律法廷には、いまのべたように、兵科将校の審判官のほかに、法務部将校一名の審判官もいた。だが、これは軍法会議の場合と異なり、兵科将校の審判官ともども、たんに審判官とだけ表わされるのがふつうだった(1)。

法務部将校が足りないときは、代わりに、おおむね経理部将校が審判官を命じられた。海軍でも同様で、主計科士官《しゆけいか》がおもに務めた。職務上、法への近接性が買われたためだろうか。

法務部将校というのは、配属される軍へは、その軍の法務部員(部長)ないし軍法会議法務官として陸軍省より発令される。そののち、当の軍によって、軍法会議の裁判官、検察官、予審官のうちのどれか、またはすべてを命じられる。と同時に、軍律法廷が設置されていればその審判官、検察官、予審官のいずれか、もしくは全部をも命じられた。

たとえば、伊藤法務少佐は、法務大尉のときの一九四二年末、東京の留守近衛師団からパプア・ニューギニアのニュー・ブリテン島にいた第十七軍へ転属となったが、かれへの発令はこうである。(2)

十一月九日　第十七軍法務部部員に補す〔陸軍省〕
十二月一日　第十七軍臨時軍法会議法務官を命ず〔第十七軍?〕
第十七軍臨時軍法会議裁判官、予審官、検察官を命ず〔第十七軍〕
第十七軍軍律会議審判官、検察官を命ず〔第十七軍〕

法務部将校は各自のあらかじめの補職に合わせ、特定の事件ごとに、長官から合議体としての審判軍律法廷の審判官、もしくは合議体としての判決軍法会議の裁判官・法務官を下命された。あるいは、軍律法廷または軍法会議の検察官か予審官を命じられた。事件ごとの下命に際して、法務スタッフが実際の段取りをおこなうのはいうまでもない。

兵科将校と法務部将校

軍律法廷の審判官に兵科将校がはいっているのは、かれが軍隊指揮権を有するためである。兵科将校以外の、陸軍の技術部・法務部などの各部将校、海軍の薬剤科・法務科といった各科の士官である将校相当官は軍隊指揮権をもたない。

軍律法廷が審判をするのは、最終的には自軍の安全確保のためであった。とすると、その審判権は、統帥権すなわち軍隊指揮権をじゅうぶん斟酌《しんしゃく》したうえで行使されなければならない。したがって、その軍隊指揮権をもつ兵科将校が審判官にくわわる必要があったのだった。

審判官のふたりの兵科将校のうち、上級者を審判長にするのもこの考え方による。審判長は審判合議体を代表して、被告人の尋問や証拠調べをし、審判廷の秩序維持すなわち法廷警察を司り、審判宣告などの行為をおこなう。また、代表としてではなく、審判長の固有の職権として、審判期日の指定、被告人の召喚《しょうかん》や勾引《こういん》、令状への記名捺印などをおこなう。審判長は審判のかなめであった。

では、兵科将校とならんで法務部将校が審判官の一員になっているのはなぜか。軍隊指揮権はないが、審判に不可欠の軍律や審判規則の、またこれらと密接する法の知識と経験をもつ専門家だったからである。

審判長のなす行為は、尋問や証拠調べといった審判手続きに関する専門性を要するものが多かったから、軍律法廷の事務を本職としない兵科将校が審判長を務めるのであっては荷がおもい。そこで審判長が自分の職務の大半を、審判官のうちのひとりを指名しておこなわせうるシステムになっていたのである。指名するのは、どの審判官でもかまわなかった。

だが実際には、法務部将校の審判官が指名された。専門性や技術性にたけている軍の司法官だったからである。指名された審判官を受命《じゅめい》審判官という。

法務部将校はこのように重要な位置をしめるが、軍隊指揮権をもたないために、たとい兵科将校の審判官より上級者であっても、審判長にはなれなかった。

一九四三年四月十一日にこういうケースがあった。第三航空軍の軍律法廷である司集団軍律会議は、ジャワ在住民のサ〇〇（二十七歳）に審判を言い渡した。このときの法務部将校の審判官は法務大佐の阪口《さかぐち》実であった。だが、審判長は兵科将校の中佐、須田重蔵が務めたのである。

軍隊では、軍隊指揮権と直接につながる戦闘性がなによりも優先された。法務部将校・法務科士官の審判官は、ひいては軍律審判は、その戦闘性の高揚を支援・援護する役割をになっていたのである。同じように軍隊指揮権のない陸軍衛生部将校・海軍軍医科士官の軍医がおこなう傷病兵の治療と通じる面もあろう。

審判合議体の軍律法廷は、以上のような兵科将校と法務部将校の審判官で構成され、所定の手続きをふんで審理をすすめ、審判宣告というかたちで判断を下す。審理の過程でも、判断を出すときも、すべては審判官の合議のみで進行する。

合議のみでとは、審判をすることそれ自体については他からの容喙《ようかい》をいっさい許さないことをいう。長官であっても口をはさめない。司法権独立の原則を視野にいれた審判官の職務上の独立である。

審判請求の可否や審判官の下命が長官の権限であること、審判官は長官である軍隊指揮官と統率上の服従関係にあることなど、審判におよぼす長官の事実上の影響力はおおきい。これらを考えるとき、右の職務上の独立は重要な意義をもつ。合議のみ、つまり審判不干渉の原則は、統帥権のもとにあるともいえる軍律法廷の、すくなくとも審判合議体たる軍律法廷のささやかなレーゾン・デートルとみなせよう。

審判にたいする外部からの圧力や指示などは「もう絶対にないですよ」とは、鍬田《くわた》日出《ひで》夫《お》元海軍法務少佐の証言（同氏談話）である。一九四二年現在、かれは第二遣支《けんし》艦隊の軍律法廷すなわち同艦隊軍罰処分会議で審判官と検察官の職についていた。

審判官選任の実際

捕獲搭乗員十一名にたいする、第十三方面軍軍律会議の審判官が兵科将校の松尾快治少佐と片浦利厚中尉、法務部将校の山東広吉法務中尉だったことはのべた。以下は、かれらが審判官になった経緯である。一九四八年二月四日の戦犯裁判イトウ・ケースでの公判で、マドリックス弁護人が問い、伊藤元法務少佐が答えている。

問「之等《これら》の裁判《ママ》官達は如何《いか》にして選ばれたか」

答「〔第十三方面軍〕軍律会議の判士《ママ》は、三月頃、〔あらかじめ〕既に十数名の人が任命せられていました。個々の裁判にどの判士が出席するかは、〔事件ごとの〕各軍律会議に於《お》いて異なっています。第十三方面軍に於いては、〔法務部長の〕岡田〔痴一法務〕少将が〔長官である〕軍司令官の補佐官として選定しています」

問「松尾、山東、片浦の三名も、三月に判士として〔あらかじめ〕選抜されていたのですネ」

答「そうです。然《しか》し、山東〔法務〕中尉だけは六月に転任して来たばかりですから、其《そ》の後《あと》と思うが、判《は》っきりした記憶がありません」

このようなかたちで、さきに説明した審判官選任の実際はおこなわれた。文中の「判士」はむろん誤用である。審判官が正しい。審判合議体としての軍律法廷が構成される前から、第十三方面軍によって命じられていた兵科将校の審判官がいたのならば、それをさすのだろう。もしくは、便宜上、審判官を判士から借用してきたとすれば、同軍がすでに選任している軍法会議の裁判官のうちの兵科将校の判士を意味しよう。

同じく文中の「補佐官」であるが、「判士」の場合と異なり、これは誤用ではない。兵科将校から審判官を実際に「選定」してくるのは、法務スタッフである法務部将校だった。法務部長はそれを了解し、長官の承認をえる。そして、長官が発令する。これが、長官による審判官の選任の実態だった。

岡田法務部長が補佐官であったというのは、選任にいたるまでの法務部のトップのお膳立て役だったことを意味する。法務部長は、その軍の法務部門の最高責任者として、法的側面より最高指揮官を補佐する機関だったからである。

海軍における審判官の「選定」に関し、さきの鍬田日出夫元法務少佐はこうのべている(同氏談話)。すでに審判官としてリスト・アップされている兵科将校にたいし、このたび開かれる審判で兵科将校の審判官になってもらいたいが、「御都合《ごつごう》は如何《いかが》でしょうか」と本人に直接依頼するのは法務スタッフである法務科士官だった、と。そして、そののちに、陸軍ならば法務部長にあたる司令部付首席法務科士官の了解を経て、長官の承認・発令、というはこびになるのである。

法務部将校のほうの審判官である、問答中の「山東」についても、ふれておこう。山東法務中尉は六月に京都師団から転任してきている。そして、ただちに第十三方面軍によって軍律法廷の審判官を命じられたものと考えられる。したがって、かれに、審判合議体としての軍律法廷の審判官を務めるよう命令が出たのは、問答の最初にいう三月ではなく、あとの方の六月以降だっただろう。

問「山東に対し判士《ママ》を命ずるよう頼んだのは誰ですか」

答「岡田法務部長が命令しています」

これは、イトウ・ケースの公判におけるさきと同じ二月四日の問答である。山東法務中尉を、捕獲搭乗員十一名への軍律審判で審判官にする命令は、長官が職権で出す。しかし実際には、問答にあるように法務部長が命じている。あるいは、法務部将校のだれかが山東法務中尉に「頼ん」だのち、法務部長が命じている。

だから、法務部長のこの「命令」は、部長としての了解と、実質的には長官の承認と下命の意味をふくんでいる、ともいえよう。この場合も、兵科将校をあてる審判官の選任の例にあわせていえば、法務部長は長官の「補佐官」である。

ちなみに、審判を七月十一日に開くという決定も、岡田法務部長がおこなったようだ。審判期日を決めるのは、本来、審判長の権限である。審判長は期日を定めると、審判長の名で被告人と検察官に通知する。であれば、この岡田法務部長の場合、自分で決めたのち、審判長の松尾少佐名で、被告人である十一名の捕獲搭乗員と審判請求機関である検察官の伊藤法務少佐に通知されたものと考えられる。

ところで、戦犯裁判での右の問答中には、これまでみてきた問答や証言中でもそうであったように、軍律法廷ではつかわない用語のいくつかがうかがえる。「判士」「裁判官」といった語は軍法会議のものである。問答し、証言する伊藤元法務少佐らいく人かの旧軍の法務関係者がその誤りに気づかないはずはない。

にもかかわらず、かれらのうち、だれひとりとして訂正しないばかりか、それら軍法会議の用語をつかいつづけている。これは、そうすることで、もしかしたら、かれらは裁くアメリカ側に軍律法廷を理解させようとしていたのだろうか。アメリカ側が軍律法廷の英訳に困っていたことはすでにのべた。あるいはまた、軍律法廷を軍法会議のような司法機関と同じものと印象づけ、捕獲搭乗員十一名にたいする軍律審判の正当性を主張しようとしていたのかもしれない。

3　捕獲搭乗員の入廷

警査が連行

軍律審判の始まった十一日の時刻は、はっきりしない。戦犯裁判イトウ・ケースの公判において証言はいろいろ出ているが、その時刻はまちまちである。

審判廷でも通訳を務めた新本敏夫元上等兵は、一九四八年一月二十七日に、十時半と断言している。しかし、録事として審判に列席した浜口栄一元法務准尉は九時四十分ごろだったという。検察官だった伊藤元法務少佐はおよそ八時半から九時の間と供述する。結局、開廷はそう早くない朝であった、といったところだろう。

審判廷にはまず、出席の第一陣ともいうべき、検察官、録事、警査、通訳の姿がみられた。初めから、審判に必要なすべてのメンバーが出るのではない。定められた順に、全員がそろうのである。審判官と被告人はまだだった。

第一陣の出廷が終わると、検察官の伊藤法務少佐は警査にたいし、被告人である十一名の捕獲搭乗員を連れてくるようにと命じた。

警査は、審判廷内の警戒に任じ、審判長のおこなう法廷警察権の実行を担当する。文書の送達などもおこなう。あるいは陸軍司法警察吏（海軍の場合は海軍司法警察吏）として捜査・取り調べの段階でその補助をする。つまりは、普通裁判所の廷丁《ていてい》、そして送達吏《そうたつり》、巡査である司法警察吏をあわせたような職だった。軍法会議の警査が兼務した。

警査には陸軍法務部の兵ないしは下士官があてられた。下位から上へ、法務部の兵には法務上等兵・法務兵長、下士官には法務伍長・法務軍曹・法務曹長の階級があった(3)。

警査を命じるのはやはり、軍律法廷の長官である。第十三方面軍の軍律法廷では、審判規則「第一総軍軍律会議規定」第五条にもとづく。長官の下命はここでも形式にすぎず、実際の選定は法務スタッフがおこなった。

さて、伊藤法務少佐の命をうけて、警査は、十一名のアメリカ軍機捕獲搭乗員を審判廷に連行してきた。全員、目隠しのうえ、捕縄《ほじょう》をうたれていた。かれらは、伊藤法務少佐が場長を兼務する第十三方面軍の監禁場《かんきんじょう》に拘禁中だった。

監禁場とは、軍律違反事件の、かれら十一名のような未決と、既決の囚徒を拘禁するところだった。「第一総軍監禁場規定」の第二条にもとづく。規定には記されていないが、死罰を言い渡された者も、その執行までここに収容されることになっていた。軍法会議の拘禁所に相当する。

十一名の被告人が連行されてくると、審判長の松尾快治少佐以下、三名の審判官が入廷した。被告人たちは目隠しと捕縄をはずされた。審判廷では、被告人は身体の拘束をうけないのが決まりである。軍律法廷が準ずる軍法会議にならった手続きであった。

被告人たちの健康状況を、「拘禁疲れはしていたが、栄養失調等極端な状態ではなかった」と、一九四八年一月三十日の戦犯裁判イトウ・ケースの公判で、録事だった浜口栄一元法務准尉はのちに供述している。

松尾少佐は審判長として開廷宣告をした。「只今から、敵機搭乗員に対する軍律の審判を開廷する」。右のときの浜口元法務准尉の証言である。被告人たちは、立って、それを聞いた。このときから審判が終わるまで、かれらは立ったままだった。

通訳

つづいて、通訳を務める新本敏夫上等兵の宣誓がおこなわれた。第十三方面軍の軍律法廷の通事つまり通訳は、「第一総軍軍律会議規定」の第五条にもとづいて長官が命じた。通訳をおくかどうかは、それぞれの軍の審判規則の定めるところに委ねられていた。

この長官の下命も形式上だった。新本上等兵を審判廷の通訳にしたのは、たぶん、伊藤法務少佐だっただろう。すでにみたように、取り調べ段階においても、伊藤法務少佐の意向で同上等兵は通訳を務めていた。

通訳には、審判官や警査などと異なり、審判そのものにおける役割分担はない。審判官と被告人といった、ある主体と主体の間に立って、ことばをつたえる役である。鑑定人と同じく、軍律法廷の補助者にすぎない。

とはいえ、虚偽の通訳がなされれば、審判は損なわれる。それでは困るので、通訳には、誠実に通訳するという宣誓の義務が課せられるのである。これも軍法会議に準じたものだった。「第一総軍軍律会議規定」に宣誓の定めはない。

このように、審判廷の通訳は長官に命ぜられ、宣誓の義務を課されるが、この点で、取り調べ段階などで任意に選ばれる通訳とは異なる。もともと通訳というものには特定の資格や官位は必要ない。さがしてくる法務スタッフによって適当と認められた者が通訳だった。

軍律審判で審理の対象となる者はおおむね、作戦地・占領地の外国人である。ことばの通じない場合が多い。したがって、通訳は審判上のひとつの鍵になる。ことばがつたわらなければ、審判はできない。もっとも、どの程度つたわっているかも問題だろう。

審判廷では軍律審判に関する術語や軍隊用語もつかわれるし、かなりの知識がなければ、それらの語を適切にあつかうのはむずかしい。ことばにはニュアンスもあり、たんなる語の置き換えでは、なかなか意はつくせない。

さきの鍬田日出夫元法務少佐は、香港を根拠地にする第二遣支《けんし》艦隊の同艦隊軍罰処分会議での体験から、中国語である「言葉に困りました」とのべ（同氏書簡）、やはり前出〔本章註（2）〕の徳冨菊生元法務大尉も、「言葉、風俗、習慣等の相違には苦労」したと回想している（同氏書簡）。同元法務大尉は、鍬田元法務少佐とほぼ同時期の太平洋戦争下で同じ第二遣支艦隊軍罰処分会議に所属していた。

（1）法務部将校が軍法会議の裁判官になるときは、裁判官のうちの法務官というポストにつく。この場合の法務官とは専門法官を意味し、裁判官・法務官と表わされる。兵科将校は裁判官・判士であった。なお、海軍の軍律法廷では、兵科将校は審判官とだけ表わしたが、法の専門家である法務科士官については、陸軍とちがって審判官・法務官と表示された。

（2）こうした発令のかたちは海軍でも同じだった。一九四二年の夏、法務科士官の徳冨菊《とくとみきく》生《お》法務中尉は、海軍省によって、第二遣支艦隊軍法会議法務官と第二遣支艦隊司令部付法務科士官に補された。それから、七月十四日に、第二遣支艦隊から同艦隊軍法会議の検察官と予審官を命じられるとともに、同艦隊の軍律法廷である第二遣支艦隊軍罰処分会議の検察官を命じられている。

（3）一九四五年五月三十一年以前の警査は、陸軍警査という官であった。判任《はんにん》文官ではないが、その待遇をうけていた。軍人でいえば下士官待遇である。それが、六月一日に、警査という、右の兵もしくは下士官をあてる職になった。ただし、これまで陸軍警査だった者には、その官等にほぼおうじた下士官、あるいは准士官である法務准尉の階級が与えられた。職務内容は、陸軍警査という官のときも、軍人をあてる警査という職になってからも、変わらなかった。海軍の警査も同様に改められた。ただ、陸軍よりすこしはやく、五月十五日からだった。陸・海軍におけるこうした軍人制は、さきにみた陸・海軍の録事の武官制とワン・セットであった。

五　全員に死罰

1　すすむ審理

検察官の朗読

新本敏夫上等兵の通訳としての宣誓がすむと、審判長の松尾快治少佐による人定《じんてい》質問があった。姓名、国籍、年齢、所属部隊、階級など、各被告人にたいし、人違いでないことを確認するのである。七、八分かかった。しかし、姓名をたずねることしか通訳されなかった。本人たちであるのは自明のこととして、人違いのおそれはないと判断されたためだろうか。

つぎに、検察官の伊藤法務少佐が起訴状にあたる審判請求状を読み上げた。これで、被告事件は陳述されたものとみなされる。

その後、論告の段階にいたるまで、およそ検察官の出番はない。その間は、審判長、実際には受命審判官による事実の尋問と証拠調べ、すなわち審理がおこなわれる。

審判請求状には、無差別爆撃の事実と、それが「第一総軍軍律」第二条に違反する、と記されていた。一九四八年一月三十日の戦犯裁判イトウ・ケースの公判で、この軍律法廷の録事だった浜口栄一元法務准尉はこうのべている。

起訴《ママ》項目が二項目あり、第一項目は名古屋に侵入した飛行機は名古屋市の西北方の軍事施設及び民家を爆撃し、平和的人民を殺傷し、平和的財産を破壊した。第二項目は同様に民家爆撃の目的で来たのであるが、侵入前、伊勢湾に落ち、其《そ》の目的を達せざりしものである。と言うのであり、此《こ》の二つの事件に付《つき》、御審判を願います、と言うのでありました。

第一項目はカイム中尉機の既遂《きすい》事案、第二項目はシャーマン中尉機の、着手時期のとり方によっては未遂《みすい》ともいえる事案をさす。「第一総軍軍律」第二条と第三条によれば、既遂・未遂を問わず、死罰を科してもよかった。カイム機は高射砲の攻撃で、シャーマン機は戦闘機の迎撃《げいげき》でそれぞれ撃墜されていた。

朗読に要した時間は十分か十五分ほどだった。終わると、新本上等兵がこれを五分くらいで被告人たちに通訳した。審判請求状をみないでする要約の通訳だった。が、異議をとなえる者はいなかった。もし、その場にいたら、異議を申し立てたであろう弁護人の姿はなかった。

弁護人のつかないことつまり非弁護も、非公開とあわせて、軍律法廷の決まりだった。このシステムも特設軍法会議にならう。

通訳が終わると、審判長の松尾少佐は、被告人たちへの事実の尋問、証拠調べ、弁論の指揮に関する事項を審判官の山東広吉法務中尉におこなわせると告げた。これらの事項は審判の本体をなす。

本来は審判長がおこなうものであるが、兵科将校がその役につく審判長には軍律審判に関する知識や経験がほとんどない。そこで、すでにのべたように、専門家である法務部将校の審判官を指名し、受命審判官として審判長に代えてそれらの行為をさせるのである。

受命審判官に指名された山東法務中尉は、被告人にむかい、審判請求状に記載の被告事件について尋問するとのべ、記載事項にたいして異議はないかとたずねた。事実の尋問の開始である。

かれらは記載内容を否認したと、さきのイトウ・ケースの公判における浜口元法務准尉は証言する。しかし、同公判二月六日の伊藤元法務少佐の証言では、各人の答えは異議なし、だったという。

そのあとさらに、受命審判官は、発進基地はどこか、命令者はだれか、爆撃目標はどこか、と問うた。そして、右のときの浜口元法務准尉によれば、山東法務中尉は被告人たちにむかい、「名古屋市西北方の軍事工場が爆撃目標だったと言うが、焼けたのは民家で沢《たく》山《さん》の市民を殺したではないか」とも投げかけた、という。実際に焼失した家屋数は約二万、死傷者数は約八百であった。

シャーマン中尉が、問いつづける山東法務中尉にたいし、逆に質《ただ》す場面もあった。「アメリカ航空隊により行われた爆撃を我々が全責任を負うのか」。一月二十七日の公判での、新本元通訳の証言である。山東法務中尉はこう切りかえした。さきと同じ一月三十日の浜口元法務准尉の供述による。「それは、後程《のちほど》弁解する機会があるから、後《あと》で言え」

浜口元法務准尉はこのときに、「山東［法務］中尉か松尾少佐か忘れましたが、普通より大きい声で「馬鹿野郎」と言った」とも証言している。馬鹿野郎発言は、一月二十六日のオカナー検事の冒頭陳述では松尾元少佐のものだったとされる。オカナー検事はこの発言を、軍律審判がずさんで強引な「裁判」だったことの証拠とみなしていたようだ。

審判する側が主導

審理は、山東広吉法務中尉にリードされ、とどこおりなくすすんでいった。それはかれが、憲兵段階と検察段階の調書などの証拠書類、あるいは審判請求状にあらかじめ目をとおしていたからであった。これらの書類は、審判請求のあったときに、軍律法廷へ提出されていたものだった。受領した保管係の佐藤（のち、種木）義男法務曹長から山東法務中尉に届けられていたのである。

軍律法廷の審判は、軍法会議や普通裁判所の裁判にならい、審判する側が主導して被告人を尋問し、証拠を集め、証拠の取り調べをおこなうという職権主義であった。いわば、ドイツ法やフランス法などの大陸法系の手続きが採用されていた。

この手続きのもとで審判廷を運営するには、審判の始まったときすでに、審判官は事件の経過を知っている必要がある。だから、審判請求のときに、予審を経ているのであれば予審調書をふくめて、種々の証拠書類は審判請求状に付され、軍律法廷に提出される決りになっていた。

こうしたやりかたは、いまの日本の刑事裁判とは異なる。現在の日本ではおよそ英米法系の訴訟手続きが採用されている。審判請求にあたる起訴のとき、裁判所に提出されるのは起訴状のみである。裁く側に先入観を与えないためで、起訴状一本主義といわれる。裁判官は白紙の状態で審理に臨み、検察官と被告人という二当事者の主張と立証に耳を傾けて、判断を下すのである。

山東法務中尉は、職務上、当然のこととして憲兵調書や検察官調書に目をとおしていた。かれによる審問はそれらをふまえておこなわれた。ときには、必要な箇所が読み上げられもした。こうしたことは、本来、審判長の役目だった。山東法務中尉がそうしたのは、受命審判官として審判長に代わっていたからである。

事実の尋問が終わると、山東法務中尉は証拠調べにはいった。戦犯裁判イトウ・ケースの一九四八年一月三十日の公判における浜口栄一元法務准尉の証言によれば、証拠として提出されたのは憲兵調書と検察官調書だけであった。山東法務中尉がこれらの書証の要旨を告げ、被告人に弁解があるかどうかをたずねた。証拠調べとはおもにそんなものであった。なお、同年一月二十七日の公判で新本敏夫元上等兵は、カイム中尉機が軍事施設以外のものを空爆した証拠として新聞記事も提出された、と供述している。

証人の出廷もなかった。軍律法廷では、また軍法会議でも、証人の出廷のないのがふつうだった。書証となる右のような調書があらかじめ審判請求状とともに提出されているため、証人はいても、改めて審判廷で証人尋問をすることはほとんどなかったのである。

証拠調べが終わったのは、開廷から三十分ないし一時間ちかく経ったころだった。

2　審判は終わった

論告

山東広吉法務中尉は、事実の尋問と証拠調べを終えると、伊藤法務少佐に指示を送った。いよいよ、検察官の論告である。一九四八年二月四日の戦犯裁判イトウ・ケースの公判で、伊藤元法務少佐はこう供述する。

私は山東［法務］中尉の合図により論告を行いました。論告とは、如何《いか》なる刑《ママ》を科すか又如何なる法を適用するかを述べる、検察官の意見であります。此《こ》の論告の内容は、本件の起訴《ママ》事実は色々《いろいろ》の証拠と被告人が之《これ》を認めたことにより、明瞭である。五月十四日の空襲が無差別爆撃であったことは、其の結果を見ても疑いを要せぬ事実である。

（中略）

搭乗員達も、軍事目標を爆撃せよと云《い》う命令を受けたと一応は述べているが、無差別爆撃の意志のあったことを否認していない。被害の状況は、何よりも有力に之を証明している。随《したが》って、本件は第一総軍軍律第二条に該当する行為であるから、規定に従って極刑《ママ》に処すべきものと考える。
まだ此の他にも述べたことはありますが、大体、此の様なものでありました。

伊藤法務少佐は捜査機関として取り調べを終えて以来、被告人十一名全員は、爆撃にいたらず撃墜されたシャーマン機の乗員と爆撃後に撃墜されたカイム機の乗員とを問わず、また、機長、通信手、爆撃手などの役割を問わず、意図的な無差別爆撃をおこなったものとみなしていた。つまりかれらは、意思を同じくして無差別爆撃の実現にくわわった共同正犯なのであった。

論告は二十分ほどかかった。全員が「極刑」、すなわち死罰に相当するとして締めくくられた。つぎに、受命審判官の山東法務中尉が被告人たちに問うた。弁護人なしとはいえ、被告人自身による最終弁論の場が与えられたということになる。

同年二月六日のイトウ・ケースの公判で伊藤元法務少佐は、「山東〔法務〕中尉が二〜三質問した。私の記憶では無差別爆撃に対して米国の世論はどうかと尋ねたと思う」とのべている。ただし、一月二十七日の公判における新本敏夫元上等兵の証言によれば、無差別爆撃云々の質問は論告の前であり、カイム中尉らしき被告人が知らないと答えたという。

山東法務中尉の最後の質問は、十分ないし十五分で終わった。かれは弁論の終結を告げた。そして、ただちに、審判長の松尾快治少佐以下三人の審判官は審判廷から退席した。別室で、審判を下すための合議にはいった。合議体たる審判軍律法廷の最後の正念場である。

なお、一月三十日のイトウ・ケースの公判で、軍律法廷の録事だった浜口栄一元法務准尉は、審判中、山東法務中尉は一時的に北村利弥法務少佐と審判官を代わったとのべている。であれば、北村法務少佐は補充審判官として審判に立ち会っていたものと考えられる。兵科将校と法務部将校とを問わず、審判官のうちのだれかが途中で欠けると、弁論の更新すなわち審理のやり直しということになる。改めて人定質問から始めなければならないのである。この不便を防ぐため、審判長は定数の審判官以外に補充審判官を発令し、審判に立ち会わせることができた。

軍罰の言い渡し

審判を下すための合議は審判官のみでおこなわれる。外部からの容喙はまったく許されない。とはいえ、すでに届いていた死罰も可という陸軍大臣の指示、この指示と同じ第一総軍司令官の了承、指示をえることへの第十三方面軍司令官の同意といったものが、審判の前提として作用し、軍律と良心のみにしたがうべき審判官に、それなりの予断を与える結果になったことは否めない。

ちなみに、すでに明らかであるが、陸軍大臣の指示自体は軍律審判の開催とはまったく関係がない。開催はあくまで長官の審判請求命令を起点とする。陸軍大臣の指示は、空襲軍律についていえば「〔その〕濫用《らんよう》を防ぐため」のものであった。

以下は、一九四八年二月十八日の戦犯裁判イトウ・ケースの公判における、オカナー検事と陸軍省法務局長だった藤井喜一元法務中将の問答である。

問「（前略）陸軍大臣が死刑《ママ》の宣告を与えると云《い》う願《ねがい》を認可したという意味は、裁判官《ママ》に死刑の宣告を与えよと言う指令になるか」
答「裁判官に対する一つの参考になると思われるが、拘束力はない」
問「山東〔広吉法務中尉〕が其《そ》の口供書に次のように述べています。即ち我々三名は、軍の規則〔である「第一総軍軍律」〕の基本原則には死刑《ママ》以外なく、其の宣告をしました。私は裁判官として死刑の意見を述べたのは事実でありますが、私の意見は規則の解釈ばかりでなく、其の決定に至るより他《ほか》なかったのであります。杉山〔元《はじめ》〕第一総軍司令官が検察官に与えたところの死刑の認可書〔伊藤法務少佐が上京して提示し、サインをもらった意見書のことか？〕は〔審判請求状に付された〕証拠書類のなかに綴《つづ》ってありました。之《これ》は検察官に与えられたものではありますが、我々裁判官に与えた圧力は否定出来ませんでした、と述べています。そこで、君或《あるい》は陸軍省の誰かが死刑の宣告を与えるよう圧力を加えましたか、或は又其の処置をしたのですか」

答「圧力を加える様な処置を私はとったことはないが、認可があった以上、山東が判断したのは勿《もっと》もなことである。裁判官は純理論としてはそれに拘束せられるべきではないが、当時の事情として陸軍大臣の認可があれば、受身の立場にある者としては至極《しごく》あたり前のことではないか、と私は思います」

合議は五分ほどで終わった。結論は全員への死罰だった。きわめて短時間で終わったのは、三名の審判官が死罰相当という心証をすでにえていたからだろう。このような場合、もっと短縮して、なにも合議までしなくてもよい、という考え方がうまれたこともあったようだ。台湾の第十方面軍の軍律審判のあるケースがそうだった。一九四五年の初夏、同軍軍律会議はアメリカ軍機捕獲搭乗員十四名を死に処したが、合議は省略されている(拙編『軍律会議関係資料』)。

さて、三名の審判官はふたたび審判廷の席についた。被告人十一名にたいし、審判長の松尾快治少佐は審判の宣告をした。「被告人を極刑《ママ》に処す」だった、と一九四八年一月三十日の戦犯裁判イトウ・ケースの公判で浜口栄一元法務准尉は証言している。

新本敏夫元上等兵の一月二十七日の証言もある。松尾少佐は「『死刑《ママ》に処す』と言った。私は伊藤［法務］少佐の指示に随って「厳罰に処す」と通訳しました。ジョンソン中尉《ママ》が厳罰とはどんな意味かと質問したが、私は日本語に通訳して尋ねたが、裁判官《ママ》達は返事を与えなかった」

前日の同元上等兵の証言によれば、審判の始まる前、伊藤法務少佐はかれに、「彼等は死刑《ママ》の宣告を受けるが、死刑と言わずに厳罰と通訳せよ」といったという。もっとも伊藤元法務少佐は、「それに似たようなことは言っています。即ち、死刑の判決があったら、極刑《ママ》と通訳するように伝えました」と二月四日の公判で反論するが、かれがなぜそう通訳するようにいったかはわからない。なお、かれは、同公判で、ジョンソン伍長の質問はなかったと断言している。

ともあれ、被告人の捕獲搭乗員十一名は死罰に処されることになった。これで、その軍罰は確定である。軍律法廷は、特設軍法会議に準じて一審終審制をとる。上訴の途はない。

第十三方面軍軍律会議の準拠する「第一総軍軍律会議規定」の第九条「本規程《ママ》に別段の定めなき事項は、陸軍軍法会議法中、特設軍法会議に関する規定を準用す」が、準ずる根拠である。すなわち「第一総軍軍律会議規定」に一審終審制の定めはないが、「陸軍軍法会議法中、特設軍法会議に関する規定を準用」し、この制度をとるというわけである。じつは、軍律法廷のすでにみた非公開と非弁護の原則も、この第九条にもとづく。非公開と非弁護、それに一審終審制は軍律法廷が特設軍法会議にならった特性である。海軍の審判規則でも、たとえば「連合艦隊軍罰処分令」は、第九条で「本令に別段の定めなき事項については事情の許す限り海軍軍法会議法中特設軍法会議に関する規定に準拠す」と定めている。

軍律を制定し、軍律法廷を設けるねらいが対象者への威嚇《いかく》にあったことからすれば、軍律法廷の処断にきびしさをもたらす右の三点は、結果的にはその威嚇のねらいを助けるものだった。

死罰処分の多いのもまた、軍律法廷の特徴である。右の被告人たちは無差別爆撃行為の既遂かどうかを問わず、また機長たると通信手たるを問わず、一律に死罰だった。

ドーリットル空襲で捕獲された八名のアメリカ軍機搭乗員も、上海の第十三軍軍律会議で、全員死罰を言い渡された（五名はのちに減軽）。「支那事変」期における支那方面艦隊下の全軍律法廷の場合、さきにふれたように、被告人二百二十八名中の九割強が死罰に処されている。一九三七年十二月から三九年三月までの集計である（拙著『日中開戦』）。

閉廷は正午ごろだった。審判が宣告されたのち、被告人である捕獲搭乗員十一名は審判廷から連れ出された。遅い朝の開廷だったから、短時間で終わったことになる。しかし、時間の短いのも軍律法廷の特徴のひとつである。ドーリットル空襲隊員にたいする第十三軍の軍律審判も二時間ほどで終わっている。

軍律法廷は作戦地・占領地に設けられるので、迅速な処断が要請されることになる。迅速でかつきびしい処罰でなければ、威嚇をもって自軍の安全を確保しようという、軍律法廷の設置目的は果たせないのである。

所要時間の短いのは設置目的に沿うものであった。短くするために、審判手続きは簡略化されていた。たとえば、特定の原因のある場合に、審判官に職務の執行資格を失わせる除斥《じょせき》や、審判官が自発的に職務の執行から退く回避《かいひ》は認められなかった。また、弁護人はつかない、審判の公開もない、上訴はできず一審終審制。これらはすべて、時間短縮にもつながる、設置目的にあった特徴なのである。審判に関する書類の調整も略式化されていた。

こうした特徴は、軍律法廷が特設軍法会議にならうことからきているが、それでは、なぜ、ならうのか。軍律法廷は交戦下において、そして特設軍法会議も戦時・事変もしくは戒厳下という交戦下と同じといえる状況のときに設けられる。そうしたもとで、軍律法廷は自軍の安全確保を、特設軍法会議は軍紀の維持・高揚を目指す。つまり、緊急時に設置される軍律法廷と「非常の際に設《もう》けたる特設軍法会議に付《つい》ては極度迄《きよくどまで》軍の利益を慮《おもんぱか》る」（日高巳雄『陸軍軍法会議法講義』）点で同じだったのである。

3　軍律法廷の記録

記録の保管

審判廷でのやりとりは、開廷から閉廷まで、録事の浜口栄一法務准尉が記録した。記録の取り方は、取り調べのときと同じ要領筆記だった。

個々の軍律審判の録事には、あらかじめ軍に配属されている録事職の武官のなかからだれかが、長官によって命じられた。第十三方面軍の軍律法廷にあっては、「第一総軍軍律会議規定」第五条にもとづく。もっとも、下命の段取りは、録事の場合も、法務スタッフがおこなった。すでにのべたように、浜口法務准尉を録事にしたのも伊藤法務少佐だった。開廷後、浜口法務准尉は審判廷に出されていた書類を持ち帰った。審判請求状やこれに付された証拠書類の憲兵調書や検察官調書などである。

審判廷でのやりとりの記録、つまり軍法会議の公判調書にあたる審判調書の作成は、録事の職務だった。浜口法務准尉は、それを、その日のうちに作成し終えた。そして、受命審判官を務めていた法務部将校の山東法務中尉に提出し、署名と印をもらった。自分も署名し、捺印した。これは軍法会議の公判調書の作成に準じた形式である。公判調書には、録事と、法務部将校である法務官としての裁判官の署名と押印が必要だった。

その後、浜口法務准尉は、この審判調書と審判請求状や証拠書類などを一括して綴じ込んだ。これは、軍法会議でいえば訴訟記録の出来上りを意味する。七月十一日の審判が終わってからまもない、同月十五、六日のことであった。

審判書もいっしょだった。これは軍法会議の判決書にあたる。冒頭には審判書とあり、被告人名、主文、理由、証拠説明、適用軍律、日付といったふうにならび、最後に審判長の松尾快治少佐以下、審判官三名の署名と印があった。そして最末尾には、のちにみる七月十二日の死罰執行の事実が追記されていたはずである。審判書には、判決書と同じく、最末尾の余白部分に、言い渡された軍罰の執行状況が時間を追って記される。

一綴りになった記録は、第十三方面軍軍律会議の保管係に引き渡された。しかし、これは建て前で、実際は第十三方面軍法務部が保管した。

保管係は、捕獲搭乗員十一名への捜査・取り調べの段階で立ち会い録事を務めた、同法務部保管係の佐藤義男法務曹長だった。審判前に、十一名に関する、東海憲兵隊司令部から送られてきた一件書類、そして、その後に検察官から届いた審判請求状などを預かったのもかれだった。

第十三方面軍では、軍律法廷に送られた書類や作成された記録は、捕獲搭乗員十一名の審判関係にかぎらず、すべて佐藤法務曹長が保管した。軍法会議のものもそうであった。

焼却された記録

一九四五年八月十五日、日本は太平洋戦争に敗けた。第十三方面軍の法務部は保管していた書類を焼却した。捕獲搭乗員十一名の記録も、このときに焼かれた。したがって、現存しない。保管係の佐藤義男法務曹長が直接手を下したかどうかはわからない。一九四八年二月二日の戦犯裁判イトウ・ケースの公判で同軍参謀だった織田勇三元少佐は、敗戦にともない、陸軍中央から書類焼却の命令が出た、とのべている。

敗戦前日の十四日、すでに戦後処理にはいっていた陸軍当局は、陸軍の全部隊にたいし、保有する機密・秘密書類をすみやかに焼却するよう指令していたのである。陸軍省高級副官名をもってなされた陸軍大臣の命令だった。その高級副官だった美山要蔵《みやまようぞう》元大佐の証言による（『極東国際軍事裁判速記録』第一四八号）。

各軍の軍律法廷の記録や書類は、こうして焼却された。戦後、厚生省で戦犯裁判業務にながく従事した坂田良右衛門元厚生事務官も、「「軍律会議」にかけた資料については、戦争当事国に抗弁（説明）するものが焼却等によって存在しなかった」と語っている（同氏書簡）。

しかし、完全になくなっているわけではない。のちに「第二十五軍軍律」の原文だけはみつかった、と坂田元厚生事務官もいう（同右）。

敗戦時に第十方面軍参謀長だった諫山《いさやま》春樹元中将名の文書である「台湾軍関係」という史料にもこう記されている（拙編『軍律会議関係資料』）。「終戦直後、機密書類の焼却を命ぜられたるも、軍律会議に関するものは軍の責任を明《あきら》かにする迄重要なる者と思惟《しい》し、之を保存し、特に米軍に対しても進んで提出し」云々。なお、台湾軍とは第十方面軍をさす。第十三方面軍を東海軍というのと同じである。

この記述のとおりだとすると、第十方面軍軍律会議関係の書類は、あるいは、アメリカの戦犯裁判関係資料中に現存することも考えられる。もっとも、諫山元中将は、「台湾軍関係」は自分の書いた文書ではない、とのべる（同氏書簡）。このあたりの事情はわからないが、一九五一年現在、当の「台湾軍関係」そのものは引揚援護庁復員局法務調査部に保管されている。

また、オーストラリアの所有する戦犯裁判関係資料中には、さきにみたイングルトン少佐ほか同国軍人らが第七方面軍の「軍律裁判《ママ》」で処断されたときの、英訳された審判記録も残っているという（遠藤雅子『シンガポールのユニオンジャック』）。

現在、はなはだ数はすくないが各軍の軍律や審判規則をみることはできる。さらにすくないが審判書もみられる。といっても、それらはおよそ謄本とか写しの類であって、オリジナルのものはむずかしい。

六　軍罰の執行

1　執行命令が出る

執行の免除と変更

すでにみたように、アメリカ軍機捕獲搭乗員十一名への第十三方面軍軍律会議は、死罰の言い渡しをもって終わった。一九四五年七月十一日の正午ごろのことだった。検察官の伊藤法務少佐は、ただちに、このことを、法務部長の岡田痴一法務少将へ報告した。すると、同法務少将は死罰の執行命令案を書くようにと命じた。

軍律法廷の言い渡した死罰の執行命令を出すのは長官の権限だった。特設軍法会議では、本来は陸・海軍大臣の職務であるが、長官が代わって下命するようになっていた。

第十三方面軍の軍律法廷でも、死罰の執行命令は長官としての同軍軍司令官が出した。

同軍律法廷が根拠する「第一総軍軍律会議規定」第八条の「死の執行は長官の命令に依る」にもとづく。

岡田法務部長に命じられた伊藤法務少佐は、長官である軍司令官の岡田資中将の出す死罰の執行命令の案をつくった。それから、岡田法務少将の承認をえ、岡田中将のところへ持参し、印をもらった。長官を意味する印がととのったところで、執行命令の案は執行命令書に化した。

岡田法務少将の承認は、伊藤法務少佐の直接の上司としてのものであり、執行命令の効力発効要件ではない。しかし、かれは法務部長であって、長官である軍司令官にたいする、法務スタッフ中の最高補佐機関である。かれの承認があれば、長官としての軍司令官もまず印を押す。

長官としての軍司令官の押印は、ふたつの意味をもつ。言い渡された死や監禁といった軍罰の承認と、執行命令案を執行命令書へと変えることでおこなう執行命令の発令である。

軍罰の承認というのは、その軍罰の執行を認めるかどうかを前提とする。長官が執行の免除権をもっていたからである。免除権はまた、おおむね軍罰の変更権をもふくむ。

承認に際しては、免除ないし変更の余地の有無が検討される。長官にはそれほど大きな権限があった。なにしろ、軍律を制定し、軍律法廷を設けるのは、長官となる軍の最高指揮官の専権なのである。

とはいえ、実質上は法務スタッフの意見がおよそ左右する。「軍司令官は規定により、刑《ママ》の免除・変更が出来る」。一九四八年二月五日の戦犯裁判イトウ・ケースの公判で、伊藤元法務少佐はそう断言した。すでにみたように、第十三方面軍軍律会議で適用された「第一総軍軍律」第五条がその「規定」だった。

軍律法廷がならう特設軍法会議には、執行の免除を明記した規定はない。ただ、常設・特設軍法会議の長官は、免除の理由があって天皇に特赦の裁可を願うときなど特別の場合には、執行命令を出さないでおくことができた。

死罰の言い渡しのあった十一名のケースでは、執行の免除も変更もなかった。長官である軍司令官岡田中将は、印を捺すことで執行の命令書案を命令書に変え、言い渡しそのままの執行を命じたのである。

軍刀を使用

軍司令官岡田資中将の出した死罰の執行命令書は、一ページか二ページくらいのものだったという。一九四八年二月四日の戦犯裁判イトウ・ケースの公判で、伊藤元法務少佐は、もともと自分のつくったその命令書の概要をつぎのようにのべている。執行命令書そのものは、一九四五年の敗戦処理で、審判に関する他の記録とともに焼却された。

左記により死刑《ママ》を執行すべし。左記として、一、日時　昭和二十年七月十二日　一、場所　小幡　原《おばた(が)はらママ》元射撃場　一、方法　斬首　一、執行者　カイム以下十一名　一、執刀者氏名　片浦中尉他それだけであります。

後日、イトウ・ケースの公判でアメリカ側は、このうちの、斬首という執行方法が「死は銃殺とす」とする「第一総軍軍律」第四条にふれる、として軍律審判の手続き上の違反を追及してきた。なお、死罰の執行方法はどの軍の軍律も銃殺であった。

これにたいし、右の二月四日の公判で伊藤元法務少佐は、法務部長の岡田痴一法務少将の指示にしたがったまでだ、と抗弁した。すなわち、審判の始まる前、同法務少将が自分にたいし、「死刑《ママ》の判決《ママ》があったならば、こちらの方も軍司令官の方針にならって斬首にしたらよい、と言いました」。

「こちらの方も」はもちろん、ここでの捕獲搭乗員十一名の処断をさす。岡田法務少将の発言は、軍律法廷を開かない略式手続きで、別の捕獲搭乗員を斬首に処した第十三方面軍での先行事例をふまえたものだった。だから、「こちらの方も」なのである。この略式の先行事例が戦犯裁判オカダ・ケースの起こりだったことは、すでにのべた。

一九四八年四月二十二日のそのオカダ・ケースの公判で、斬首によって死罰を執行する「方針」を打ち出したとされる軍司令官の岡田元中将は、つぎのように弁明した（成田メモ）。

［第一、］当時、名古屋及び付近の市民は無差別爆撃に対し、損害に対し、甚《はなは》だしく憤激していた。真実、現実、何回かに亘《わた》って搭乗員がトラックにより軍司令部に運ばれる途中、彼らに襲撃されんとした。辛《かろう》じて衛兵の努力によって避けえたのであります。そうした時に、我々が、軍律の本文に死は銃殺とすとある、もしあの文句にとらわれ、此《こ》の状況に拘《かかわ》らず銃殺を実行したならば、死体の冒瀆《ぼうとく》をどうして避け得ましょう。然《しか》らば、甚だしく遠くの所へ刑場を求めたらということに疑問も起すが、平和時の疑問であり、絶対に警報下の状況に合わぬ。

第二、軍刀を死に使うことは日本民族の昔からの慣習になっていたので、大《たい》した変ったことをするということを考えなかった。御承知の如《ごと》く、〝侍の腹切り〟というが、特別に極端な人を除く他は、死の真の原因はその側において日本刀で首を落として死とする。こうした民族習慣が大きく作用した。

第三、軍律レギュレーション［military regulations］の本文に銃殺が明示してあるが、（中略）軍律というものは性格を［考えれば］、方面軍司令官として状況如何《いかん》に拘《かかわ》らずそのまま墨守《ぼくしゅ》するとは解釈していないので、軍刀使用も合法であると承知した。

イトウ・ケースの公判で、一九四八年二月六日、伊藤元法務少佐もこの第三の弁明と同じ主張をした。第十三方面軍で用いられる軍律の制定権はもともと同軍司令官が有するとし、ここから司令官は銃殺を斬首に変更する権限をも有する、というのである。

だが、二月十八日の同公判で、陸軍省法務局長だった藤井喜一元法務中将は、「銃殺にすると言う規定があるのに、斬首にすることは明《あきら》かに不法《ママ》であります」と断言している。

ともあれ、事実として、死罰の執行は斬首でおこなわれた。

すみやかに実施

軍司令官の岡田資中将は執行をいそいでいた。一九四八年二月四日の戦犯裁判イトウ・ケースの公判で伊藤元法務少佐は、法務部長の「岡田［痴一法務］少将は此の［執行命令］の書類を作る前から、早く執行するように岡田軍司令官から催促されていたものと推測されます」とのべている。

すでに、秒読み段階にはいっていた敗戦の直前、日本本土の全部隊が、連合国軍の本土進攻作戦に備えて繁忙のさなかにあった。岡田中将の率いる第十三方面軍も例外ではなかった。同年四月二十一日のオカダ・ケースの公判で、同元中将はつぎのように語っている（成田メモ）。

わが方面軍司令部は昭和二十年二月、爆撃の下に生まれて、爆撃の中に育ち、そして爆撃の下に約半年にして壊滅してしまった。此《こ》の司令部の将校の補充も不十分で、又《また》多忙を極《きわ》めて軍司令官以下飛び回っているので、司令部内の将校の顔を知り乍《なが》ら到頭《とうとう》、終戦まで姓名を知らぬ者もあった。約八《マ》ケ師《マ》団の部下の大部分は海岸の陣地構築に出て、多数国民の援助をえながら築城に没頭した。然《しか》も、築城し乍ら、米軍に対する決戦の要領を昼夜兼行で勉強したのです。故《ゆえ》に、司令官も必要の参謀を連れてその鞭撻《べんたつ》のために忙しく活動した。司令部に直接持っている僅《わず》かばかりの部隊もこの築城の援助、或《あるい》は大規模の爆弾予防の設備に使ったので、私の手許には自由になる兵力は殆《ほとん》どない。又名古屋に在る部隊は度々の爆撃に因《よ》る市街地の被害援助のために充当《じゅうとう》した。臨時に出るのみならず、防空飛行隊、高射砲師団、これらの指導激励にも忙しかったのです。たまたま司令部に出勤すれば、山のように積んである書類を点検し、サインをする。積っている諸報告をきく。暇があれば、作戦用の地図に対し、防禦作戦要領を考案する。

こうした多忙さは、今、私だけのことを云ったが、司令部の全員そうである。その頃は一日の中、三、四回の空襲警報が出て、警報が出ると、私は幕僚を連れて防空作戦室に入り、そこにおいて敵機の状況を知って防禦作戦を指導する。この空襲警報のために、事務は甚だしくおくれます。当時の法務部の如きも殆ど普通のコート［court］を開くことができぬ（後略）。

こんな状態だったから、軍律審判関係だけでなく、すべてにおいて迅速な処理が求められた。軍司令官の岡田中将が軍罰の執行をいそいだのも、それなりに理由があったことになる。結局、十一名の捕獲搭乗員は審判の言い渡しのあった翌日の十二日に死罰を執行されてしまう。

しかし、執行がはやいのは、なにも岡田中将のせいばかりではなかった。もともと、軍罰の執行そのものが迅速なのである。これも基本的には、緊急・非常時に設けられるという軍律法廷の性格と、この法廷が準ずる特設軍法会議の規定からくるものだった。

特設軍法会議では、常設軍法会議でもそうだったが、陸・海軍大臣あるいはこれに代行する長官が死刑の執行を命じたときから五日以内に実行する決まりになっていた。したがって軍律法廷の場合も、これに準ずれば、長官の死罰の執行命令が出ると、猶予期間は最大限五日という計算になる。

だが軍律法廷では、実際には、そんなにおかれることはなかった。おおむね、はやくて当日、遅くても二、三日以内だった。翌日というのが多かったようだ。香港占領地総督部軍律会議が、一九四五年四月五日に、アメリカ軍機捕獲搭乗員デビット・H・ハウック少佐へ言い渡した死罰の執行も、翌日だった。

上海の第十三軍軍律会議で審判されたドーリットル空襲隊員の場合、死罰の言い渡しは一九四二年八月二十八日、執行は十月十五日と遅かった。これはしかし、死罰が決まったのち、それをめぐって陸軍中央がもめたからだった。

陸軍大臣の東条英機大将は対外関係をおもんぱかり、死罰に反対したが、参謀総長の杉山元大将は威嚇とみせしめのために賛成をした。両者の話し合いがもたれ、天皇のところにまで話はいった。天皇は陸軍大臣寄りの見解だったようだ（伊藤隆・照沼康孝編『続・現代史資料4　陸軍』）。

審判そのものへではなくても、審判結果への中央のこうした口出しは、審判にたいする容喙ともいえる。準司法機関である軍律法廷の行政機関性をよく表わしているこの口出しは、最初の空襲軍律による最初の処断例だったために、なされたものだろう。管見のかぎり、以後、軍中央によるこうした審判結果への容喙はみられない。

ドーリットル空襲隊員は、八名全員死罰だったところを、最終的には五名が無期監禁へ減軽となった。この判断は参謀総長から十月十日に第十三軍へ届いた。同月十五日、同軍軍律会議はその旨、八名にたいして改めて言い渡した。減軽にならなかった三名は、即日、死罰を執行された。この点ではやはり迅速な執行というべきで、軍律法廷の軍律法廷らしい面を物語っている。

2 準備はできた

執行の指揮

死罰の執行は伊藤法務少佐が指揮した。検察官を務めていたからである。軍律法廷ではおおむね、その審判を担当した検察官が軍罰の執行の指揮をとる。

ただ、陸軍の場合、海軍と異なり、検察官指揮を明示する審判規則はすくない。第十三方面軍軍律会議が根拠する「第一総軍軍律会議規定」にもその定めはない。しかし、検察官が執行の指揮にあたる特設軍法会議の規定を準用するよう、同規定の第九条が定めているので問題はなかった。

検察官に執行の指揮をとるよう命じるのは軍律法廷の長官である。では、執行するのはだれか。「北支那方面軍軍律会議審判規則」の第八条は憲兵とする。「支那方面艦隊軍罰処分令」の第七条には「憲兵又は長官の命じたる者」とある。「第一総軍軍律会議規定」は、この場合も、明文の規定をおいていない。だが、おいていない審判規則はどれも、じつはやはり、「第一総軍軍律会議規定」第九条のような特設軍法会議の規定を準用する旨の条規を設けている。特設軍法会議では、死刑すなわち生命刑は監獄の長、懲役や禁固のような拘禁を内容とする自由刑は監獄官吏が執行することになっていた。

第十三方面軍軍律会議で適用された「第一総軍軍律」が定める軍罰は、死罰と無期または有期の監禁罰という二種類だった。だから、一見、死罰は監獄の長が、監禁罰は監獄官吏が執行するようにも映る。しかし、軍律法廷には監獄や監獄官吏はおかれていない。

陸軍の監獄には陸軍刑務所と陸軍拘禁所があった。刑務所は懲役・禁固・拘留に処せられた受刑者、裁判が終わるまでの刑事被告人、死刑の言い渡しをうけた者を拘禁する。これらの者のうち、懲役・禁固の受刑者以外の者が、拘禁所にもいれられた。

海軍の監獄は海軍刑務所だけで、これが陸軍でいえば刑務所と拘禁所を兼ねた。要港部には留置所がおかれていたが、これは一九四四年末以降の要港部の警備府昇格にともない、海軍刑務所になった。

軍律法廷では、建物が同じかどうかは別として、監獄に相当する施設を囚禁場《しゅうきんじょう》または監禁場と称した(1)。監禁罰に処された者、死罰宣告をうけた未執行の者、審判の終わらない被告人をここに拘禁した。

第十三方面軍では監禁場といった。したがって、特設軍法会議の規定に合わせていえば、軍罰の執行者は、死罰は監禁場の長、監禁罰は監禁場の職員ということになる。職員とは監禁場長、看守長、看守をさす。これらは陸軍監獄の長、看守長、看守が兼ねた。他の軍の囚禁場ないしは監禁場でも同じだった。

ここでの捕獲搭乗員十一名への死罰の執行は、だから、監禁場長がおこなうことになる。場長は伊藤法務少佐だった。かれは名古屋の陸軍拘禁所長でもあり、軍律法廷の監禁場長を兼ねていたのである(2)。名古屋に陸軍刑務所はなかった。

結論をいえば、十一名への死罰の執行につき、検察官である伊藤法務少佐の指揮により監禁場長としての伊藤法務少佐が執行する、ということになる。一九四八年二月四日、戦犯裁判イトウ・ケースの公判で、マドリックス弁護人の問いにたいして伊藤元法務少佐は答えている。

問「軍律会議に於いて死刑《ママ》の執行がされる時に誰が之《これ》を行うのですか」

答「監禁場長が行います」

問「搭乗員達を拘禁していた処《ところ》の長は誰ですか」

答「私です」

問「すると、搭乗員達を監禁していた責任は誰ですか」

答「直接の責任は私であります」

問「検察官は処刑《ママ》に対し如何《いか》なる責任がありますか」

答「検察官は命令権を持つ長官より執行命令を受けて、之を監禁場長に対し執行を指揮します」

問「検察官は処刑場に出るべきですか」

答「ハイ」

斬首の直接の執行人を選んだのも伊藤法務少佐だった。執行担当の監禁場長ということで、法務部長の岡田痴一法務少将がかれに選定を申しつけた。右のイトウ・ケースの公判で、伊藤法務少佐は、軍律審判の終了直後に岡田法務少将から死罰の執行命令書案を書くように命じられたとき、同時に、「執行者の選定は監禁場長であるお前がせよ、大体、此の様なことを言われました」と語っている。

執行人は長官である軍司令官が発令する決まりだったから、これも法務スタッフによるお膳立てのひとつである。

同じ公判のとき、伊藤元法務少佐はさらにつぎのようにも供述している。内容は、審判官だった片浦利厚中尉が執行人になった事情に関するものである。

岡田法務部長から執行の計画を命ぜられた時、［捕獲搭乗員中の］将校には将校を以《もっ》て執刀させよと言われました。其《そ》の時、一旦《いったん》、自分の部屋に帰ったかと思いますが、色々《いろいろ》執刀者を物色した挙句《あげく》、心当たりの人を探したが、結局無かったので、片浦中尉は剣道も上手であるし、適任者であると思い、彼に電話で交渉すると、私は陪席判士《ママ》を服務したのであるし、そんなことをするのは嫌だ、と断られました。然《しか》し、私は軍司令官の命令さえあればやるだろうと思ったので、法務部長に相談すると、部長は判《はん》士《し》をやっていても構《かま》わんではないかと言ったので、私も軍司令官の命令さえあれば彼はやるだろうと考えて、［死罰の執行］命令書［案］に片浦中尉他と書き込んで、軍司令官の捺印をもらい、［執行命令書とし、］其の日の夕方彼に伝えました。

長官である軍司令官にたいする法務スタッフの位相が、ここでもよく浮き彫りにされていよう。

執行場の準備

一九四八年二月四日の戦犯裁判イトウ・ケースの公判で伊藤元法務少佐は、軍律法廷の審判が終了すると、死罰の執行命令書案を書くのと相前後して、監禁場の「西田看守長に、看守と日本人囚人を連れて刑場へ《ママ》穴を掘りに行くように命じました」と供述している。審判廷から連れもどされた十一名の捕獲搭乗員がその監禁場に収容されていた。

穴とは、死罰の執行後にそこに落ち込んだ十一名のそれぞれの遺体を埋めるもので、埋めたあとは墓穴となるものである。執行場はすでに決まっていた。名古屋近郊の陸軍の小幡原射撃場だった。

右の供述中の、監禁場の「西田看守長」というのは、伊藤法務少佐を所長とする陸軍拘禁所の看守長だった西田春吉法務准尉のことである[3]。かれは監禁場の看守長を兼ねていた。

伊藤法務少佐は西田法務准尉に穴掘りを命じたとき、看守のほかに「日本人囚人」も連れていくように指示した。死罰に処される捕獲搭乗員の数にあわせて十一個も穴を掘らなければならなかった。看守だけでは手が足りなかったのである。

この「日本人囚人」は、軍律法廷でのそれをさすのではない。「第一総軍軍律」という空襲軍律のみを適用する第十三方面軍軍律会議の対象は敵機捕獲搭乗員だけだったから、日本人には関係はない。したがって、監禁場に「日本人囚人」がいることは考えられなかった。

これはおそらく、軍法会議の判決で拘留に処せられ、陸軍拘禁所にいれられている既決囚を意味するのだろう。未決囚である刑事被告人も連れていかれたのかもしれない。なお、名古屋に陸軍刑務所はなかったから、懲役・禁固の既決囚はいなかったはずである。

穴掘りについて、一九四八年二月三日のイトウ・ケースの公判で、西田元法務准尉はこうのべている。

伊藤［法務］少佐が私に、十一日の午後二時頃、小幡原射撃場の池の傍《かたわら》に墓穴を掘るように命令しました。七名か八名の者と一緒に「トラック」で出発し、穴を掘り、午後七時頃帰りました。

伊藤法務少佐による墓穴掘りの命令については問題がある。命令を出したのは、審判終了後とはいえ、じつは、長官である軍司令官の死罰の執行命令の出る前の、その命令案を書くのと相前後するころであった。つまり、理屈からいえば、執行の免除・変更がなされる可能性のある間だった。

本来ならば、長官の執行命令を待って、伊藤法務少佐が墓穴掘りの命令を出す、というのが筋である。ここからすれば、墓穴掘りの命令は伊藤法務少佐の独断であり、軍律法廷の手続きを無視した行為ともいえよう。

伊藤法務少佐はたぶん、被告人十一名への審判に関する軍司令官のこれまでの姿勢からして、死罰は覆らないと判断したのではなかっただろうか。ここから死罰の執行命令が出るのを見越して、執行場での墓穴掘りを命じたものとも考えられる。それどころか、伊藤法務少佐は、軍律法廷の開かれる前日にはすでに、西田法務准尉にたいし、執行場（結局は小幡原射撃場に決まる）をさがしてくるよう命じてもいるのである。

こうした先取り行為は、伊藤法務少佐がすでに出していた結論にむかって審判をリードした、審判をかたちだけのものに帰せしめた、というふうに映るだろう。戦犯裁判イトウ・ケースにおいて、伊藤元法務少佐が、のちに終身刑になったとはいえ、いったんは死刑の判決をうけたのも、多分にそうした見方によっているともいえよう。

3　場所は小幡原射撃場

自分の墓穴の前で

捕獲搭乗員十一名への死罰は、一九四五年七月十二日、名古屋市から離れた春日井郡守山町の東方にある小幡原射撃場で執行された。太平洋戦争後、ここは開拓されて大半が農地となり、やがて宅地化されていった。現在の名古屋市守山区である。

執行する側の伊藤法務少佐一行が、執行場へむけて第十三方面軍司令部を出たのは、午前五時もしくは五時半ごろだった。執行される十一名の搭乗員は、縄で両手を縛られ、目隠しされていた。二台か三台のトラックで運ばれたが、乗り降りは同行の衛兵が助けた。衛兵は十名ないし二十名で、小銃で武装していた。

執行場に着いたのは、一時間ほどのちだった。かれらはトラックから降ろされ、地面に座らせられた。衛兵たちは銃に着剣した。指揮者であり執行者である伊藤法務少佐が口を開いた。

「今から、五月十四日に行われた爆撃により多数の非戦闘員を殺し、平和的財産を破壊した搭乗員を処刑《ママ》する。冥福を祈る」。一九四八年一月二十七日の戦犯裁判イトウ・ケースの公判での、通訳として執行に同行した新本敏夫元上等兵の証言である。同元上等兵は捜査・取り調べの段階から始まって軍律審判、執行と、結局、最後まで通訳を務めている。

搭乗員たちは水を飲まされた。末期《まつご》の水というわけだろう。穴は十一個、前日の審判の終わったあとで掘られたものである。かれらは、順番に各々ひとつの穴の前に連れていかれた。そして軍刀で首をはねられ、穴に落ちていった。座らされていたところから穴までは、五メートルから八メートルくらいの距離だった。執行は階級順におこなわれた。最初はシャーマン中尉だった。

つぎつぎに一刀のもとに執行されていった。ところが、執行人のうちひとりだけが、うけもった搭乗員を切り損ねてしまった。右の証言のときの新本元上等兵は、「穴に落ち込んだが、まだ咽喉の部分が残っていたのでウメキ声が出たから、誰かが「早く行って殺してしまえ」と誰かに命じました。誰かは穴の上から銃剣で心臓を一刺しにしたので、声は止まりました」とつたえている。

同年一月三十日のイトウ・ケースの公判で、執行の立ち会い録事を務めた浜口栄一元法務准尉も、帰りの「「トラック」の上で切り損じたのを衛兵が刺したと聞いた」といっている。二月六日の公判において、伊藤元法務少佐も、首をはね損なった執行人のいたことは認めた。しかし、その後のことに関しては、「うめき声は立てません」といい、とどめを刺すように「誰も命じません」、銃剣で刺したのも「私は之《これ》を見ません」と否定している。

さらに、さきの証言のときの新本元上等兵は、「首を切られてから、衛兵が「切られた搭乗員」四―五名を刺した」とものべた。しかし、二月二日の公判における種木（旧姓、佐藤）義男元法務曹長は、そんなものは「見ません」と否定した。かれは執行人のひとりとして執行現場にいた。翌々日の公判で、伊藤元法務少佐も、そんな事実は「絶対ありません」と断言している。ほんとうのところは、どうだったのだろうか。

執行が終わると、捕獲搭乗員の死体はそれぞれ、穴に落ち込んだ姿のままで埋められた。穴はそのまま墓穴になり、埋め戻すのに二、三十分かかった。

それから、一行は全員、トラックに乗り、司令部へもどった。時間は、遅い朝食がまだ間に合うころだった。始めから終わりまで、検察官・監禁場長として伊藤法務少佐が統轄した。執行場にいった者のうち、階級もかれがいちばん上位だった。

司令部に帰ると、浜口法務准尉は「朝食を執《と》」った。一月三十日のイトウ・ケースの公判におけるかれの供述である。伊藤法務少佐は法務部の自室で「普通の日と同じように事務を執」った。これも同公判での、二月六日の伊藤自身の証言であった。

軍医はいなかった

常設と特設とを問わず、軍法会議では、死刑を執行したときには二種類の文書をつくる。執行始末書と死体検案書である。

執行始末書は立ち会いの録事が作成し、その録事と、やはり立ち会いの検察官および監獄の長が署名・捺印する。死刑は、検察官と録事の立ち会いの下で監獄の長によって執行される。だから、この三者が署名・捺印するのである。執行始末書の作成については、「陸軍軍法会議法」と「海軍軍法会議法」が定めている。

死体検案書は軍医が作成した。死因と死亡の事実を証明する文書である。作成のため、死刑の執行には軍医の立ち会いが必要だった。

軍律法廷でも、軍法会議に準じることから、死体検案書の作成のために軍医の立ち会いが要請された。さきの香港占領地総督部軍律会議のケースでも、死罰の執行に軍医が立ち会っている。執行日は一九四五年四月六日で、立ち会い軍医は佐藤暢一《よういち》だった。

ところが、捕獲搭乗員十一名を斬首にした小幡原射撃場における執行では、軍医の立ち会いはなかった。これに関し、一九四八年二月四日の戦犯裁判イトウ・ケースの公判で、執行指揮者であり執行者であった伊藤元法務少佐は、秘密保持のために人員を必要最小限にとどめたからだ、と釈明している。執行場にだれをいれるかという権限は検察官または監禁場長に、つまりはかれにあった。これも常設・特設の軍法会議の規定に準じたものである。

つづけて、かれは人員を必要最小限にしぼった理由についても、こう釈明した。「当時の名古屋市民はB－29搭乗員に対し深い憤《いきどお》りを持っていたので、必要以外の者を連れて行けば噂が伝わるから、死体を冒瀆《ぼうとく》せらる憂《うれい》があると考えられました」。

当時はたしかに、国民の敵愾心《てきがいしん》は強かった。死体を冒瀆されるおそれがあるため、秘密裏に執行しようとした、というのも一理はある。しかし、軍医は「必要以外の者」ではなく、必要な者であった。また、立ち会っても、その軍医がなにかを漏らすなぞ、まず考えられない。かれは軍人であり医師である。秘密を守ることくらい心得ていよう。

伊藤元法務少佐の釈明にはかなりの無理がある。そのことは、釈明するかれ自身、よくわかっていたのではなかったろうか。二日後の同公判で、かれは、軍医の立ち会いを定めた規則を「知らなかった」とのべることになる。

しかし、仮に伊藤法務少佐がその規定を「知らなかった」としても、実際問題として、かれは検案の、ひいては軍医の必要性を感じなかったのだろうか。また、伊藤法務少佐にたえず指示を出している法務部長の岡田痴一法務少将も、規定を知らず、検案や軍医の必要性に気づかなかったのだろうか。ふたりとも軍の法の専門家で、それもベテランともいえる佐官と将官だったのだが。

「陸軍軍人軍属変死者の検視及解剖に関する件」が準用されるその規定である。[4] これによれば、軍司法検視の対象となる「変死者」の場合、軍医（いないときにはそれ以外の医師）が立ち会い、死体検案書を作成することになっている。軍司法検視の対象であれば、「変死者」は「陸軍軍人軍属」だけにかぎられない。変死とは、病死や老衰死といった自然死以外の死をさす。軍法会議の判決の結果、刑死した者もふくまれる。

軍法会議による刑死者は、ということは軍法会議に準ずることから軍律法廷による罰死者も、軍司法検視の対象になる「変死者」である。だから、軍法会議でも軍律法廷でも、軍医による死体検案書を作成しなければならず、軍医の立ち会いが必要になるわけである。香港占領地総督部軍律会議のケースで軍医が立ち会ったのも、こうした理由による。

ともあれ、第十三方面軍軍律会議による小幡原射撃場での執行に軍医の立ち会いはなかった。したがって、死体検案書も作成されなかった。

では、軍法会議に準じることから要請されるいまひとつの文書、死罰の執行始末書はどうか。軍法会議では、すでにみたように、この始末書は執行の立ち会い録事がつくる。

軍医の立ち会いなしという失態はあったが、捜査・取り調べの段階以来、基本的には所定の手続き、すなわち「第一総軍軍律会議規定」にしたがって営まれてきた軍律法廷である。推測ではあるが、執行始末書は作成されたのではなかろうか。さもなければ、死罰執行は公式のものではなく、闇の行為ともなりかねない。死体検案書もないのであれば、なおさらである。

つくられたとすると、軍法会議での執行始末書に準じ、作成担当者は立ち会い録事の浜口栄一法務准尉ということになる。そして、かれと、立ち会いの検察官である伊藤法務少佐、および立ち会いの監禁場長としての伊藤法務少佐、の三者がその始末書に署名・捺印したことだろう。死罰の執行は、軍法会議での死刑の執行にならい、検察官と録事の立ち会いのもとで監禁場長または囚禁場長によっておこなわれるのである。

死体検案書にくわえて、執行始末書までつくられていないのなら、それは第十三方面軍軍律会議のミスといわざるをえない。その場合の非は段取りをする法務スタッフにあろう。

特設軍法会議では、調整されるべき書類を省略することもできた。たとえば検察官調書や審判廷でのやりとりを記す審判調書は無理に作成しなくてもよかった。だから、この特設軍法会議にならう軍律法廷でも、それらは省略しえた。だが、死体検案書と執行始末書については省略の対象から外されているのである。

戦後に火葬

捕獲搭乗員十一名への死罰執行後、三十四日目、一九四五年八月十五日に日本は降伏する。

降伏からまだ一週間も経たない八月二十日ごろ、第十三方面軍の法務部は、かれらの遺骸を掘り起こし、改めて火葬にした。場所はかつての執行現場である小幡原射撃場だった。かなりの木を積み重ね、集めた遺骸をその上にならべた。木には油がまかれ、火がつけられた。午前八時から午後五時くらいまでかかった。

遺骨は全員のものをそれぞれ一部ずつ集めて、二つの箱にいれ、五十円の供養代とともに、二名の法務部の下士官が寺へ納めた。名古屋市昭和区の八事山《やごとざん》といわれる真言宗の名刹、興正寺だった。残った遺骨と遺灰は埋められた。埋められずに、そのままにされた遺骨と遺灰の一部もあった。

火葬の発端は伊藤法務少佐だった。かれは、一九四八年二月六日の戦犯裁判イトウ・ケースの公判でこう語っている。遺骸を埋めたままに「しておいてよいかどうか、迷った」ので、法務部長の岡田痴一法務少将に相談したのだ、と。その結果、岡田少将から火葬の指示が出た。

なぜ、かれが「迷った」かはわからない。ただ、その背景に敗戦という事実があったことはたしかだろう。同じ公判の同年一月二十八日に、死罰の執行当時、第十三方面軍の法務部に配されていた江幡《えばた》修三元法務部見習士官（のちの検事総長）は、「終戦後、火葬に付したのは、斬首したことが米軍に知れては悪かったからだと話していたのを聞いた」と供述している。ポツダム宣言の第十条には、「吾等《われら》の俘虜《ふりょ》を虐待せる者を含む一切《いっさい》の戦争犯罪人に対しては厳重なる処罰を加えらるべし」というくだりがあった。

斬首された十一名は、戦争犯罪となる無差別爆撃をおこなったという理由で、捕虜としてあつかわれなかった。――かれらは戦争犯罪人であって、捕虜ではない。だから、空襲軍律を適用し、死罰に処するのは正当行為であって戦争犯罪とはならない。これが、十一名にたいする軍律審判の論理だった。伊藤元法務少佐らは、この論理を盾に戦争裁判に抗した。

しかし、斬首について弁明のしようがないともいえた。「銃殺」と定める「第一総軍軍律」第四条の文言に明らかに反する。捕虜かどうか、戦争犯罪人かどうかとは別に、「吾等の俘虜」虐待のイメージも強い。だから、「斬首したことが米軍に知れては悪かった」のだろう。

もっとも、軍律審判がらみかどうかはともかく、戦場でときにみられた日本軍の斬首の場合、まず火葬まではしていない。穴に切り落としたままで埋め、土葬にしてしまうケースが多い。ちなみに、軍法会議による引取人のない刑死者は、火葬でなく、土葬にしてもよかった。「陸軍監獄令」と「海軍監獄令」の規定による。ここからすれば、軍律法廷での罰死者の葬送も、土葬でもかまわないということにもなろう。

葬送のセレモニーとしての火葬と納骨は、捕虜虐待のイメージを緩和するのにも役立つ。それに、死者を供養していれば、質《ただ》された際、なにほどかの理屈をのべることもできる。火葬と納骨は予測される戦犯追及への対応策だったと、あるいはいえないだろうか。

しかし、一九四八年二月四日のイトウ・ケースの公判で、伊藤元法務少佐はこの見方を否定する。

私は直《す》ぐ火葬にしたいと思っていましたが、当時は空襲で死んだ人の死体が市の火葬場に山の様《よう》に積まれ、中には「ウヂ《ママ》」の湧《わ》いたものもあり、足の踏み場も無いような様子でした。又、自分の手で火葬にするには、油とか薪《まき》、其の他のものの入手が困難な時でした。そこで、機会をみて火葬する筈《はず》でありましたが、空襲が激しいのと仕事が忙しいので、ついに終戦後になりました。

もし、そうだとすると、火葬と納骨は、罰死したアメリカ軍機捕獲搭乗員十一名へたむけた、おくればせながらのレクイエムのつもりだったのかもしれない。

(1) 一九四二年現在の南方軍や四三年の支那方面艦隊では囚禁場、四三年の南西方面艦隊では監禁場と称していた。ただし、南西方面艦隊下でも、第三南遣艦隊では囚禁場であった。

(2) だれを拘禁所長にするかは陸軍省、だれを監禁場長にするかは第十三方面軍のような現地軍が命じる。

(3) 看守長は職名で、法務准尉が官名である。一九四五年六月一日、それまで奏任文官ないし判任文官をあてる陸軍監獄看守長だった者は、陸軍法務部の武官である法事務将校または准士官、下士官に、判任文官をあてる陸軍監獄看守だった者は、陸軍法務部の准士官または下士官に任用された。こうした陸軍監獄看守長、陸軍監獄看守からの移行者は、それぞれの官等にほぼあわせて、さきの録事の場合と同じ範囲内の階級、つまり官をあたえられた。奏任文官だった陸軍監獄長も法事務将校となった。そして、各自の経歴を考慮して、陸軍刑務所もしくは陸軍拘禁所の所長、所員、看守長、看守という職名の陸軍監獄の職員に補職された。陸軍監獄長という名称は職名としても残らなかった。陸軍監獄長、陸軍監獄看守長、陸軍監獄看守が陸軍監獄のこれまでの職員であった。ちなみに、海軍監獄長、海軍監獄看守長、海軍監獄看守という海軍監獄の職員にも、同年五月十五日に、陸軍と同じ武官制が導入されている。

（4）海軍にも、これと同種の規定があった。「海軍軍人軍属変死者検視の場合軍医科士官の立会に関する件」がそれである。

あとがき

本書は、軍律法廷とそれにかかわった人びとを弁護したり、あるいは断罪することを意図したものではない。軍律法廷は、現代の感覚からすると、はなはだ人権無視、軽視の機関に思えるだろう。だが、無法であることと、人権無視は同義ではない。

国家というものは、そして人間というものは、自分を守り、その営為を円滑になすために法と法による手続きを定める。そして、その法を遵守することで、法に守られるはずであった。

軍隊においてももちろんそうであって、国の定めた法律に代表される国家的規範にのっとっている、という裏付けなしには動かない。この裏付けがあるからこそ、軍律法廷のような機関も厳然と存しえたのであり、個々人も頓着なく、これに関与できたともいえるだろう。

どの時代にも存在しうるこの仕組みを明らかにすることは、じつは人間と国家的規範の関係を見つめ直すことにつながらないだろうか。

さて、私が、軍律法廷について調べ始めたのは一九八〇年代の初めであった。とはいうものの、当時、手がかりはほとんどなく、私は手さぐり状態のなかにいた。しかし、そうこうするうちに、東京帝国大学法学部出身の元海軍法務少将にいきあたった。

かれは、かつて、たとえば一九三九年三月二十四日の、中国人二名を死罰にした支那方面艦隊下の第五艦隊の軍律法廷、すなわち第五艦隊軍罰処分会議で検察官を務めていた。処罰の対象とされた行為は、日本通貨の偽造と行使、およびその偽造通貨の収得であった。

一九八二年七月六日、私はかれと話した。ところが、かれの口から出てきたのは徹底した強弁であった。軍律法廷とか軍罰処分会議なんて覚えがない、まったく知らない、そういう機関はない――。

現在でも、軍律法廷を追うのはなかなか困難である。刊行中の事・辞典類でも、軍律法廷の項目はまずうかがえない。そんななかで、『日本陸海軍総合事典』(東京大学出版会)、『日本陸海軍事典』(新人物往来社)といった一、二が、かろうじてこの法廷を載せている。朗報といえる。だが、それだけに、不適切な記述のみられるのは残念である。

つまるところ、軍律法廷とは、交戦下という緊急状況のもとで、威嚇によって自軍の安全を確保し、結果的に軍の戦闘力の高揚を支援する非常機関であった。簡易な審判手続きをとることにも起因する処断のきびしさは、この非常性から生じる。

軍律法廷はたしかにきびしい機関であった。しかし同時に、この法廷が、暴走しがちな処断にたいするなにほどかの牽制となりえたのも事実である。戦闘作戦行動がはげしくなるにつれ、それを妨げる者への処断は一方的・独断的になる。切り捨て御免的な闇の処分や、第一線部隊でみられた陸軍の「厳重処分」あるいは海軍の「処置」という名の〝処刑〟はその例である。

一九四四年、南西方面艦隊下の第四南遣艦隊アンボン海軍特別警察隊で、三名のアメリカ軍機捕獲搭乗員が「処置」された。小林昭法務少佐は第四南遣艦隊司令部付首席法務科士官兼同艦隊軍法会議首席法務官だった。かれはこれを知ると、同警察隊のその執行担当者だった禾《のぎ》晴道中尉につよく抗議した（禾『海軍特別警察隊』）。「なぜ軍事裁判〔軍律審判〕にかけずに殺したのだ。相手が捕虜《ママ》といえども殺人罪だぞ！」。四四年のいつごろかはわからない。時日につき、現在の小林元法務少佐に「具体的な記憶」はない（同氏書簡）。

こうした抗議は、以後の予想される「処置」への、それなりの牽制になろうというものである。戦時の無法でむちゃな処断にたいする牽制機関。一面では、軍律法廷をそうみることもできる。

軍律法廷の検察官だった元陸軍法務少佐伊藤信男氏と私の出会いは、一九八八年に遡る。すでに病床にあったが、鎌倉市のご自宅であるいは書面をとおして、いくどかご高教を授かった。ご自分では不本意のまま戦犯として巣鴨で服役ののち、著作権法の権威ある弁護士として活躍され、著書もすくなくない。七十九歳で、九〇年八月に逝去された。改めてご冥福をお祈りする次第である。

本書をまとめるに際してはまた、重ねてお名前は記さないが、文中であげた方々の温かいご援助をいただいた。そのうちのおひとりである安田寛元防衛大学校教授は防衛法制に造詣が深く、その捉え方をご教導くださった。そして、北島平一郎大阪経済法科大学教授からは、ご専門の外交史をとおして、直接・間接に学恩を賜った。さらに、鳥取県東伯町立図書館司書の中田葉子氏は、資料整理ほかにつきご協力を惜しまれなかった。記して深謝の意を表したい。

朝日新聞社書籍編集部の岡恵里氏には多くのご迷惑をおかけした。本書を著すきっかけをくださったのも氏である。一皮剝けば脅迫まがいという、氏の含み笑いがなければ、原稿はでき上がらなかった。できるまでは神出鬼没。なにはともあれ、心からお礼を申し上げる。

私事でしばらく家を離れて原稿を書かざるをえなかったとき、大学の夏休みでちょうど帰省中だった長女のふみと次女のあきは、資料の運搬係やメッセンジャー役として奔ってくれた。ありがとう、とのべておきたい。

一九九七年晩夏

北　博昭

解説　敵兵を裁くことのジレンマ

新井　京

一

当たり前の事実であるが、軍隊は「法律による行政」の原則が貫徹されるべき行政組織である。近代の軍は、権力分立による統制と法の支配が求められてきた。また同時に、軍事組織そのものを維持するために、さらに軍事組織の存在理由である円滑な作戦行動を確保するためにも法が必要とされる。「法」は軍隊の不可欠な要素である。

このことは旧日本軍についても同様である。本書を含む北博昭氏の著作は、そのような軍事に関わる法制が装置としていかに機能しえたか、しかし極限的状況で実際にはどのように機能不全に陥ったかを詳細に描いている。当事者への取材と残された文書の調査によって北氏が明らかにしたのは、事後的に糾弾されたさまざまな事件が、崩壊した制度のなかでの軍人の無法、または「軍閥」、「陸軍」、「関東軍」など象徴的非難対象の暴走といった原因のみに帰せられるのではないことである。むしろその多くは、有能で遵法精神を持ち合わせた官吏と、文書や手続を重視する行政機関が「普通に」機能する中で生じている。こうした事実を突きつけられるとき、「戦前」を想像上断絶することで思考停止してきた「戦後」のわれわれは、両者の連続性におののき、それゆえに過去の「過ち」が今日でも繰り返されうる可能性に唖然とするのである。

二

軍事司法やその他の軍事法務が果たす役割は、国際法の適用・執行の観点から整理することができる。そこで重要になるのは、旧日本軍で言えば、北氏が論じた「軍法会議」と「軍律審判」という二つの法手続きである。単純に分類するなら、前者は軍法に服する自軍構成員の統制であり、後者はそれ以外の者、特に占領地住民、捕虜といった外国人の統制である。

それらの手続きを通じて、国家は武力紛争法（戦時国際法）に基づく義務を果たし、自国の権利を擁護する。つまり、戦争の法規慣例に関する条約と附属する規則（ハーグ陸戦規則）、またはジュネーヴ条約（赤十字条約や俘虜条約［後述］）により自国に課された法的義務を、軍法に落とし込む形で具体化し、その違反を軍法会議により処罰することは、国家が国際法上の義務を履行する重要な手段であった。また、敵国軍人による違反を処罰することによって（これは当該敵軍人を捕虜として権力下に置いている場合が中心となる）、敵国の違法行為の責任を追及し、違反により被った自国の法的損害を回復する。

このような国際法上の意義を有する「裁判」は、普通裁判所でも行われうるが、多くの国において軍事裁判として行われる。軍隊の手により、軍隊自身の日常的な計画と振り返りの中で、違法行為が発見され、責任追及と再発防止策が講じられることは、自律的な組織としての軍隊の特性に適合的であり、最も効率的である。日本国憲法では許されないが、諸外国でみられるように軍事裁判が必要に応じ、例えば特別上告などを通じて普通裁判手続きとのつながりが確保されるのであれば、軍事裁判所が本質的に法の支配に背くわけではない。

他方で、北氏が指摘するように、軍法会議や軍律審判は過酷なものでもある。軍法会議は個人の権利保障よりも軍事組織を維持することを優先させている。軍律審判についても、作戦行動の一部としての性質（旧軍の用語では「軍令」に含まれる）があり、この点が重要な制約要素となりうる。つまり作戦の効率的遂行を妨げないため手続きが簡略化される。また、占領地での反逆や敵兵の（捕虜となる前の）犯罪を「防遏《ぼうあつ》」する目的で、しばしば犯罪の性質に照らして過度な厳罰が科されうる。このような手続きの過酷さは、日本の旧軍に特有のものではなく、諸外国の軍事司法の制度にも存在する。米国が九・一一後にテロリストを訴追した際に用いたため注目された「軍事委員会（Military Commission）」のように、国際人道法や国際人権法が発展した現在でも、こうした過酷な手続きが一定の制約の下で許容されている。

本書で論じられた第二次大戦末期の軍律審判を通じた米兵の処罰は、戦後の戦犯裁判で問題となり、関わった法務将校が有罪判決を受けた。ここで問うべきは、かかる制度・手続きのどの点が、なぜ問題となったかである。もちろん、有名な九大医学部での生体解剖事件や玉音放送直後の殺害のような法的正当化が不可能な事例はここでは除いて考える。それ以外の要素、例えば無差別爆撃に有責である米兵の空襲軍律に基づく厳罰（死刑）、軍人による簡略な審判手続きなどは、基本的に軍律審判制度に固有の特徴であり、諸国の軍事司法制度とも共通する。本書がその過程を跡づけているが、そのような最低限確保された手続的保障は、やがて都市爆撃の激化や法務人材の枯渇により形骸化し、最後は「有罪」の結論ありきで法的手続きを経ない「即決処刑」へとつながった。

もちろん今日ではこのような手続きの一律の省略は許されない。当時の戦時国際法に合致していたと断言することもできない難問である。本書の主人公である伊藤法務少佐が悩み、戸惑ったのもこの点である。

しかし日本の軍律審判の制度そのものが、絶対的に正当化されえない戦争犯罪だったのかは判断が分かれるところである。例えば、戦後フィリピンでの米国軍事委員会で死刑を宣告された山下奉文《やましたともゆき》大将の裁判について、手続的杜撰さが指摘され、米国連邦最高裁まで争われたものの法的に許容された。山下の手続きも日本の軍律審判に比べると「まとも」だったのかもしれないが、少なくとも当時においては、敵軍人に対する処罰制度がある程度一方的で過酷なものだというのは諸国の共通理解だったように思われる。

三

しかし、ここで無視してはならないのは、そして当時の日本の政策決定者たちが読み誤ったのは、捕虜に関する国際法が第二次大戦開始前に質的に大きな飛躍を見せており、それが日本と連合国との間に著しい認識の不一致を生んでいたことであろう。本書もそのような背景を踏まえて理解する必要がある。旧日本軍による連合国捕虜の取扱いは、軍律審判による処刑以外の点でも甚だしい虐待が糾弾されてきたが、それらをめぐる議論も、そのような国際法の発展とそれに対する日本側の「誤解」という視点を欠くと、一方的なものとなってしまうだろう。「時勢」の変化という点で言えば、かつて捕虜の扱いに関して称賛された日露戦争時の日本、さらに板東収容所での日独交流の美談が有名な第一次大戦時の日本が、一九三〇年代以降なぜ捕虜虐待の代名詞のように見られる状況に陥ったのかという疑問もあるだろう。もちろんそれぞれの戦争において抑留された捕虜の絶対数に大きな違いがある。また、第二次大戦時には抑留国日本側の資源の枯渇や人種主義が本質的決定要因であることは確かである。しかし、戦時における捕虜観の大転換がこの頃生じており、日本がそれに追いつけなかったことが、日本に対する非難の深刻さの根本にあると考えられる。

二〇世紀初頭までの陸戦の法規慣例を法典化したハーグ陸戦規則では、捕虜（当時の日本語では俘虜）に関する最低限の規則を定めるのみで、詳細な捕虜の待遇は、交戦国間のアドホックな協定により定められることを予定していた。そもそも捕虜は交換されるか、宣誓解放されるのが通例で、長期にわたって抑留されることは想定外だった。しかし、第一次大戦時に捕虜が長期間抑留され、過酷な扱いを受けた経験を受け、一九二九年に赤十字国際委員会（ＩＣＲＣ）が主導して俘虜条約が採択された。それまで傷病者保護に関する赤十字条約を発展させてきたＩＣＲＣが、同様の人道的視点から捕虜の扱いを規律する条約を作成しようとしたこと自体、捕虜の扱いに関する国際法の発展にとって画期だった。

もはや捕虜は戦争の駒、交渉材料ではなく、傷病者と同様に戦争被害者であるという観点が導入された。また、それまで交戦国の裁量、恩恵、交渉次第であった捕虜の取扱いを、細かな人道的規則の下に置こうとするものだった。こうした観点から、捕虜に認められるべき「区画」の広さや栄養の熱量まで一律に定めようとする新しい条約案を、日本を含む列強諸国は驚きをもって受けとめた。

日本政府は、当時の軍事大国の一つとして、この俘虜条約採択過程に積極的に関与した。英国や米国など、従来型の交戦国間協定により捕虜の扱いを規定することを是とする国々と共同歩調をとった結果、日本の主張は多くが認められ、日本は俘虜条約に署名した。しかし署名後、満州事変などを経て陸海軍が捕虜の扱いに関して後ろ向きの態度を採るようになり、最終的に一九三四年に日本は俘虜条約の批准を断念した。他方、日本と共同歩調をとっていた英米は、この間に俘虜条約に加入していた。当時の軍事大国の中で日本（とソ連）のみが、捕虜の扱いが国際関心事となっていること、その待遇について国際的なコントロールを受け、国家の裁量が制約されることといった国際法の発展を受け入れられず、取り残されることになった。

このような状況で開始された対英米戦争において、一九二九年俘虜条約の規定を遵守するかどうかの打診を受けた日本政府が同条約を「準用する」と回答したのはよく知られている。日本側は軍事的にまたは国内法的に支障がない範囲で選択的に条約規定を尊重するとの意図だったが、英米両国は、交戦国間のアドホック協定によって捕虜待遇を決定した前例に則って、日本が俘虜条約の内容を交戦国間合意として受け入れたと解釈したと思われる。英米が日本を同条約当事国であるかのように扱い、個々の条文をあげて日本に遵守を求めたのは、このためである。このボタンの掛け違い（認識の差）から交戦国間の復仇合戦がエスカレートし、無差別爆撃や無差別な商船攻撃といった極端な戦闘方法がとられる悲惨な結果につながった。

四

ただし俘虜条約が全面的に適用されたとしても、軍律審判のような略式裁判や米兵に対する死刑判決のあり方が違法とされたかどうかは議論の余地がある。同条約は、確かに捕虜の刑事裁判手続きの面でも大きな進化を遂げた。捕虜と自国兵の同一取扱原則（principle of assimilation）、弁護人・通訳選任権、自白強要禁止、残酷な刑罰・集団罰の禁止などの裁判上の権利保障を定めた。さらに捕虜の裁判に関して「利益保護国」が関与することで、不公正な裁判・処罰を避けようとした。特に捕虜の死刑判決の場合には、本書でも言及されているように、利益保護国に通知され、通知から三ヶ月は死刑執行を猶予することとなっていた。このような保障内容に照らせば、空襲軍律による軍律審判のあり方は条約違反であったように見える。ところが、日本のみならず諸国の一致した見解として、このような手続的保障は、抑留後の犯罪に関するものであり、捕虜となる前に犯した罪には適用されないと考えられた。山下奉文に関して米国最高裁もこの解釈を支持しており、日米間で共通理解があったのである。

第二次大戦後、日本における米兵処刑の事例も踏まえて、捕虜の刑事手続上の権利は抑留前に犯した罪に関しても保障されるべきだと主張されるようになり、一九四九年の新しい捕虜条約は「捕虜とされる前に行った行為について抑留国の法令に従って訴追された捕虜は、この条約の利益を引き続き享有する」(八五条)と規定することになった。しかしそれでも、多くの国がこの規定を批判し、抑留前に戦争犯罪を行ったものはこの規定の保障外だとする留保も多数付されている。日本その他の抑留国が第二次大戦時に抱えた敵兵の戦争犯罪を処罰する際のジレンマは、戦後も多くの国に共有された普遍的で解決困難な問題だったのだと言えるだろう。

だからと言って、本書が論じた米兵処刑事件が正当化されるわけではない。しかし、戦時に敵兵を裁くにあたって、一方で戦争遂行の効率を損なわず、他方で被告人の権利、手続的保障、公正な裁判をいかに確保すべきなのかを考えるとき、本書で紹介した旧軍の法務将校たちの苦悩は、現代でも法律家たちが学ぶべき貴重な教訓であることは間違いない。*

（あらい・きょう　同志社大学法学部教授）

* 敵兵を裁くことの意義、それに伴うジレンマは、ロシア・ウクライナ戦争においてウクライナが行っているロシア兵捕虜の戦争犯罪裁判からも明らかになっている。この点について、新井京・越智萌編著『ウクライナ戦争犯罪裁判――正義・人権・国防の相克』（信山社、二〇二四年）をご参照いただきたい。

おもな引用・参考文献

松原一雄編『最近国際法及外交資料』(一九四二年、育成洞)
東郷茂徳『東郷茂徳外交手記』(一九六七年、原書房)
北島平一郎『現代外交史』(一九七九年、創元社)
北島平一郎『北島平一郎著作集第二巻　ファッシズムの理論と実際』(一九九六年、大阪経済法科大学出版部)
板倉卓造『国際紛争史考』(一九三五年、中央公論社)
海軍大臣官房『戦時国際法規綱要』(一九三七年、同官房)
信夫淳平『戦時国際法講義』全四巻(一九四一年、丸善)
足立純夫『現代戦争法規論』(一九七九年、啓正社)
城戸正彦『戦争と国際法』(一九九三年、嵯峨野書院)
藤田久一『国際人道法』〔新版〕(一九九三年、有信堂高文社)
香西茂・太寿堂鼎・高林秀雄・山手治之『国際法概説』〔第三版改訂〕(一九九二年、ただし九五年版、有斐閣)

富山単治『軍法会議法論』（一九二四年、巌松堂書店）
板倉松太郎『刑事訴訟法大綱』（一九二七年、巌松堂書店）
日高巳雄『陸軍軍法会議法講義』（一九三四年、良栄堂）
菅野保之『陸軍軍法会議法原論』上巻（一九四一年、松華堂書店）

海軍省法務局『支那事変海軍司法法規』（一九三九年、同局）
陸上幕僚監部法規課「旧軍の軍事司法制度について」（一九六四年、同課）
全国憲友会連合会編纂委員会編『日本憲兵正史』（一九七六年、全国憲友会連合会本部）
北博昭編『軍律会議関係資料』（一九八八年、不二出版）
藤田嗣雄『欧米の軍制に関する研究』（一九九一年、信山社）
北博昭『日中開戦』（一九九四年、中公新書）

横田喜三郎『戦争犯罪論』（一九四七年、ただし四九年版、有斐閣）
法務大臣官房司法法制調査部『戦争犯罪裁判関係法令集』第三巻（一九六七年、同部）
早乙女勝元『東京大空襲』（一九七一年、岩波新書）
巣鴨法務委員会編『戦争裁判の実相』（一九八一年復刻版、槇書房）
豊田隈雄『戦争裁判余録』（一九八六年、泰生社）

東京裁判ハンドブック編集委員会編『東京裁判ハンドブック』（一九八九年、青木書店）
遠藤雅子『シンガポールのユニオンジャック』（一九九六年、集英社）
小菅信子・永井均解説・訳『GHQ日本占領史5　BC級戦争犯罪裁判』（一九九六年、日本図書センター）

参考史料

第一総軍軍律

第一条　本軍律は第一総軍の権内に入りたる敵航空機搭乗員に之《これ》を適用す

第二条　左に記載したる行為を為したる者は軍罰に処す

一　普通人民を威嚇《いかく》し、又は殺傷することを目的として、爆撃其《そ》の他《た》の攻撃を為すこと

二　軍事的性質を有せざる私有財産を焼燬《しょうき》し破壊し、又は損壊することを目的として爆撃、射撃其の他の攻撃を為すこと

三　已《や》むを得《え》ざる場合を除くの外《ほか》、軍事的目標以外の目標に対し爆撃、射撃其の他の攻撃を為すこと

四　前三号の外、人道を無視したる暴虐非道《ぼうぎゃくひどう》の行為を為すこと

前項の未遂犯は之を罰す

第三条　軍罰は死とす　但し情状に依り無期又は有期の監禁を以《もっ》て之に代《か》うることを得

第四条　死は銃殺とす

監禁は別に定むる場所に拘置し定役《ていえき》に服す

第五条　特別の事由ある場合は軍罰の執行を免除す

第六条　監禁に就ては本軍律に定むるものの外、刑法の懲役に関する規定を準用す

附則

本軍律は昭和二十年四月十五日以後、第一条記載の者に付、之を適用す

第一総軍軍律会議規定

第一条　第一総軍司令官の定むる軍律に触るる行為を為したる者は軍律会議に於《おい》て審判す

第二条　軍律会議は第一総軍及第一総軍司令官の隷下《れいか》の方面軍（以下、方面軍と略称す）に之《これ》を設く

第三条　第一総軍軍律会議は第一総軍司令官を以《もっ》て長官とす

方面軍軍律会議は方面軍司令官を以て長官とす

第四条　第一総軍軍律会議は第一総軍の権内に入りたる軍律違反者に対する事件中、特に

第一総軍司令官の指定するものに付、管轄権を有す
方面軍軍律会議は当該方面軍の権内に入りたる軍律違反者に対する事件に付、管轄権を有す　但し前項記載の事件を除く

第五条　軍律会議に審判官、検察官、録事、警査及通事を置く
審判官は兵科将校及法務部将校を以て之に充《あ》つ
検察官は法務部将校又は兵科将校を以て之に充つ
審判官、検察官、録事、警査及通事は長官、之を命ず

第六条　審判は審判官たる兵科将校二人、法務部将校一人を以て構成したる会議に於て之を為す

第七条　審判廷は審判官、検察官及録事列席して之を開く

第八条　死の執行は長官の命令に依る

第九条　本規程《ママ》に別段の定めなき事項は、陸軍軍法会議法中、特設軍法会議に関する規定を準用す

附則

本規程は昭和二十年四月十五日以後に生じたる事件に付、之を適用す　従前の規定に依り、方面軍司令官の設けたる軍律会議は、之を本規程に依り設けたるものと看做《みな》す

防衛総司令部軍律会議の後継は第一総軍軍律会議に於て、東部軍管区軍律会議の後継は第十二方面軍軍律会議に於て、各、之を為すものとす　方面軍軍律会議は戦時陸軍報告規程に準拠し、第一総軍司令官に之が事務報告を為すものとす

方面軍軍律会議は其の所管事件処理に付、昭和十九年陸亜密第一二八九号に準拠し、予《あらかじ》め第一総軍司令官の指示を承《う》くるものとす

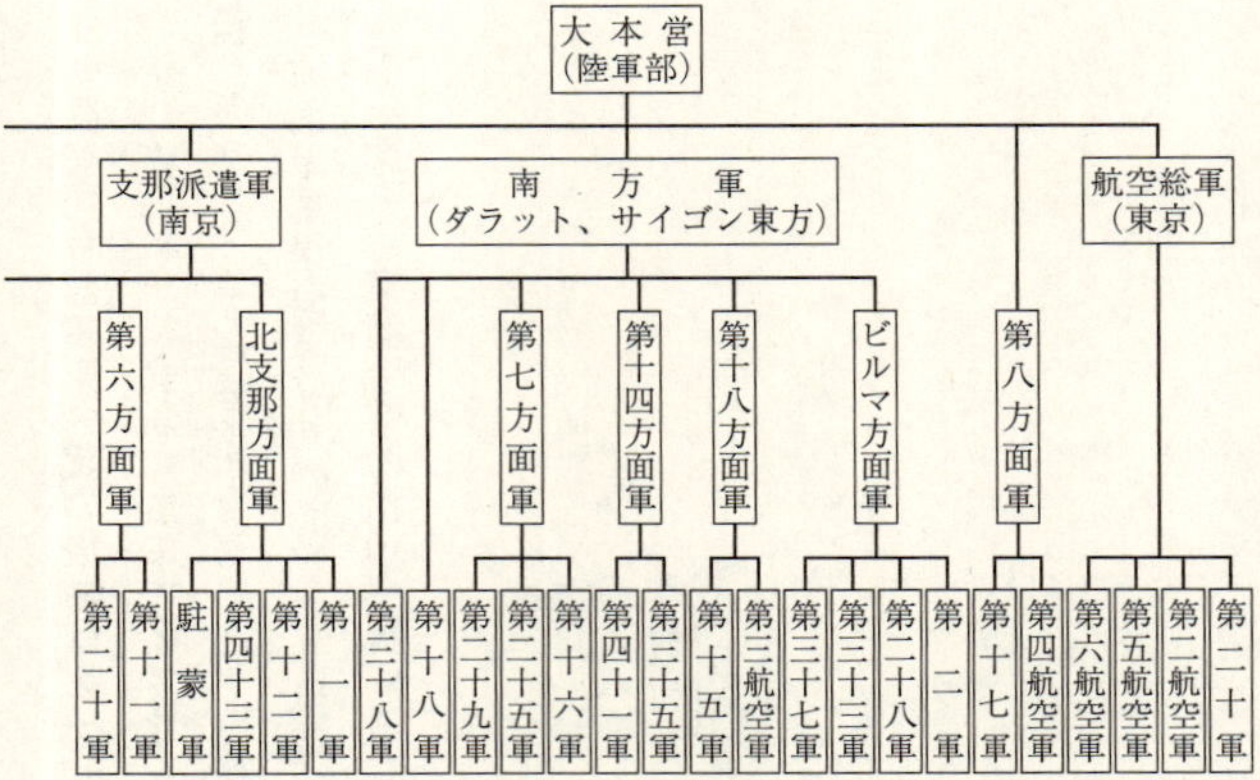
大本営（陸軍部）
支那派遣軍（南京）
南方軍（ダラット、サイゴン東方）
航空総軍（東京）
第六方面軍
北支那方面軍
第七方面軍
第十四方面軍
第十八方面軍
ビルマ方面軍
第八方面軍
第二十軍
第十一軍
駐蒙軍
第四十三軍
第十二軍
第一軍
第三十八軍
第十八軍
第二十九軍
第二十五軍
第十六軍
第四十一軍
第三十五軍
第十五軍
第三航空軍
第三十七軍
第三十三軍
第二十八軍
第二軍
第十七軍
第四航空軍
第六航空軍
第五航空軍
第二航空軍
第二十軍

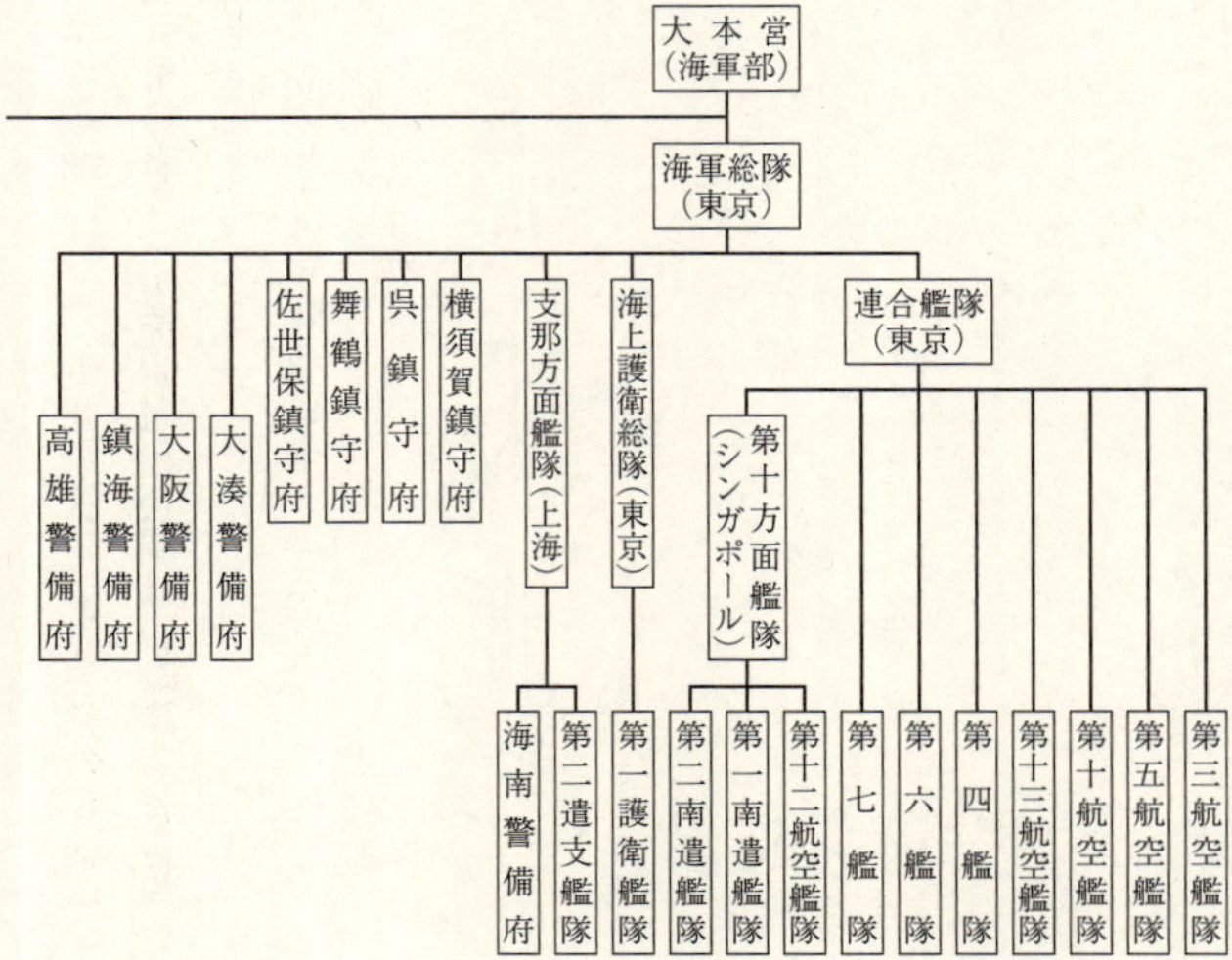
大本営（海軍部）
海軍総隊（東京）
高雄警備府
鎮海警備府
大阪警備府
大湊警備府
佐世保鎮守府
舞鶴鎮守府
呉鎮守府
横須賀鎮守府
支那方面艦隊（上海）
海上護衛総隊（東京）
連合艦隊（東京）
第十方面艦隊（シンガポール）
海南警備府
第二遣支艦隊
第一護衛艦隊
第二南遣艦隊
第一南遣艦隊
第十二航空艦隊
第七艦隊
第六艦隊
第四艦隊
第十三航空艦隊
第十航空艦隊
第五航空艦隊
第三航空艦隊

軍律と軍律審判規則を制定しうる部隊
(1945年8月現在)

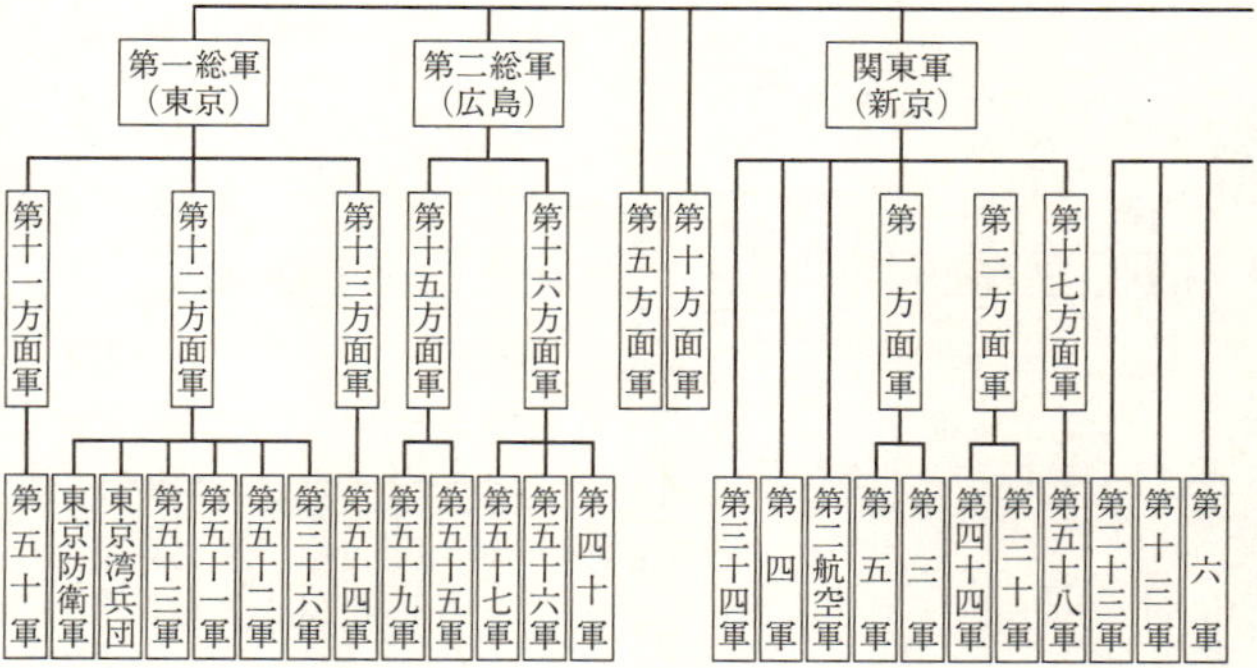

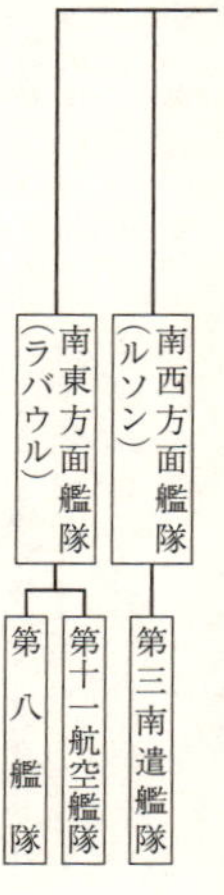

注①軍律と軍律審判規則は、ここでの全部隊とも制定しうる。しかし実際には、陸軍では第一総軍や南方軍、海軍では連合艦隊や支那方面艦隊といった各ブロックの上級部隊の指揮官が必要に応じて制定し、隷下の部隊がそれを準用した。

②軍律法廷も、軍律審判規則の規定しだいで、右のどの部隊にも設けえた。記していないさらに下級の部隊に設けることもできる。第二十三軍のもとにある香港占領地総督部（性格は軍司令部に準ずる）の場合はその一例。ただし、軍法会議の職員が軍律法廷の職員を兼務したため、軍法会議の設けられていない部隊では設置できないことになる。

③図の作成に際しては、外山操・森松俊夫編著『帝国陸軍編制総覧』（芙蓉書房）、防衛研修所戦史部『戦史叢書一〇二巻陸海軍年表』（朝雲新聞社）、復員庁第二復員局残務処理部人事課「海軍部隊、庁、解隊廃止年月日調」（同課）を参考にした。

第十三方面軍および東海軍管区の組織
(1945年8月現在)

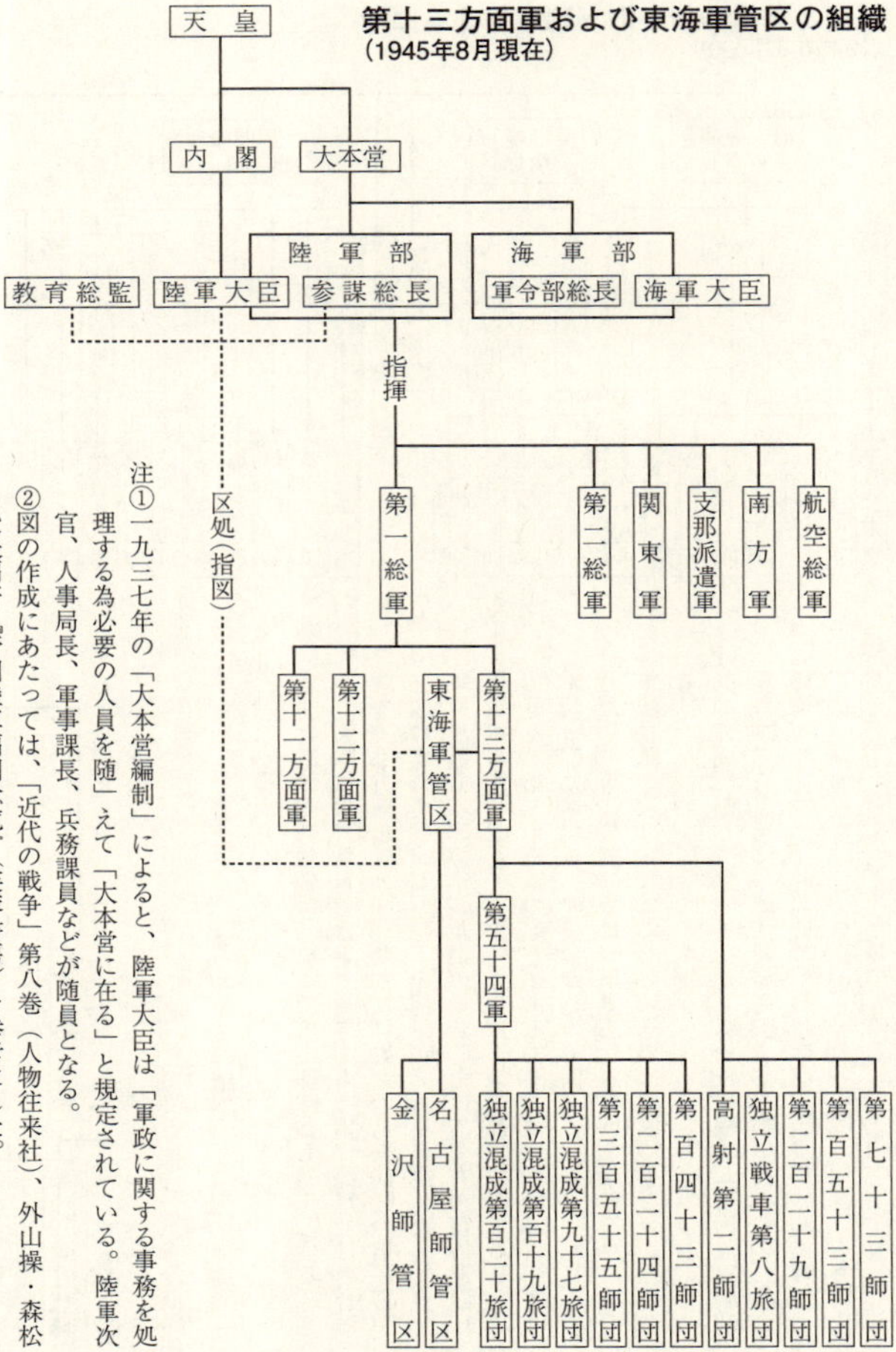

注①一九三七年の「大本営編制」によると、陸軍大臣は「軍政に関する事務を処理する為必要の人員を随」えて「大本営に在る」と規定されている。陸軍次官、人事局長、軍事課長、兵務課員などが随員となる。

②図の作成にあたっては、「近代の戦争」第八巻(人物往来社)、外山操・森松俊夫編著『帝国陸軍編制総覧』(芙蓉書房)を参考にした。

陸軍法務部将校・海軍法務科士官（軍司法官）の相当官等

（1945 年 8 月現在）

区分				兵科	指揮官のポスト例	法務部	兵科	指揮官のポスト例	法務科
高等官	親任官	勅任官	将官	陸軍大将	総軍司令官 方面軍司令官	／	海軍大将	総隊司令長官 連合艦隊司令長官 海上護衛艦隊司令長官 方面艦隊司令長官 鎮守府司令長官	／
	一等 勅任官			陸軍中将	方面軍司令官 軍司令官 師団長	陸軍法務中将	海軍中将	同上 艦隊司令長官 警備府司令長官	海軍法務中将
	二等			陸軍少将	師団長 独立混成旅団長 歩兵団長	陸軍法務少将	海軍少将	戦隊司令官 根拠地隊司令官	海軍法務少将
	三等	奏任者	佐官	陸軍大佐	連隊長	陸軍法務大佐	海軍大佐	隊司令 艦長（航空母艦、戦艦、巡洋艦）	海軍法務大佐
	四等			陸軍中佐	連隊長 大隊長	陸軍法務中佐	海軍中佐	艦長（駆逐艦、潜水艦）	海軍法務中佐
	五等			陸軍少佐	大隊長	陸軍法務少佐	海軍少佐	同上	海軍法務少佐
	六等		尉官	陸軍大尉	中隊長	陸軍法務大尉	海軍大尉	艦長（潜水艦） 陸戦隊中隊長	海軍法務大尉
	七等			陸軍中尉	中隊長	陸軍法務中尉	海軍中尉	陸戦隊中隊長	海軍法務中尉
	八等			陸軍少尉	小隊長	陸軍法務少尉	海軍少尉	陸戦隊小隊長	海軍法務少尉

■（網掛け）陸軍兵科将校・海軍兵科士官

□（白）陸軍法務部将校・海軍法務科士官

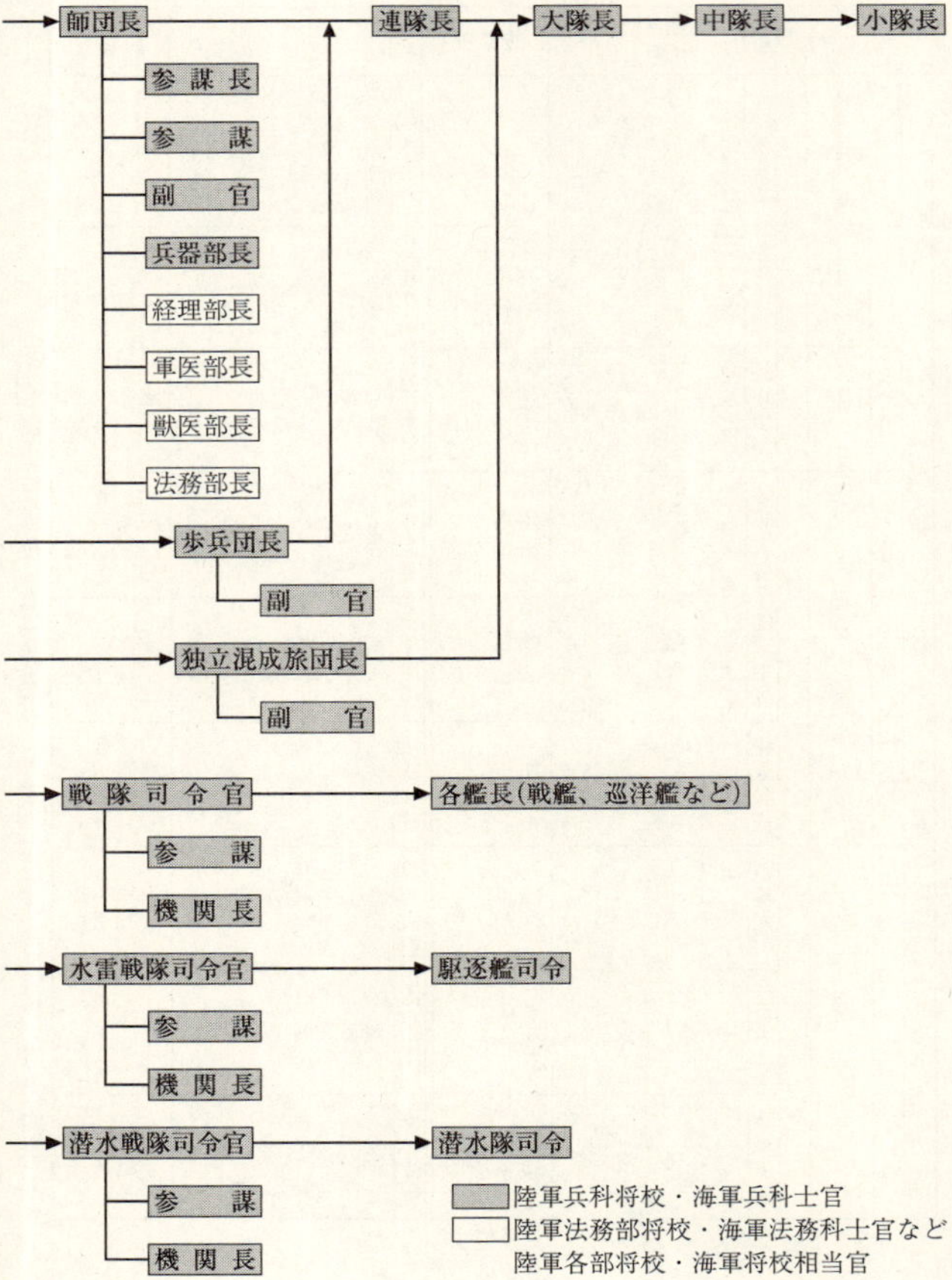

師団長
連隊長
大隊長
中隊長
小隊長
参謀長
参謀
副官
兵器部長
経理部長
軍医部長
獣医部長
法務部長
歩兵団長
副官
独立混成旅団長
副官
戦隊司令官
各艦長(戦艦、巡洋艦など)
参謀
機関長
水雷戦隊司令官
駆逐艦司令
参謀
機関長
潜水戦隊司令官
潜水隊司令
参謀
機関長
陸軍兵科将校・海軍兵科士官
陸軍法務部将校・海軍法務科士官など
陸軍各部将校・海軍将校相当官

指揮命令系統略図（1945年8月現在）

〔陸軍（総軍）〕

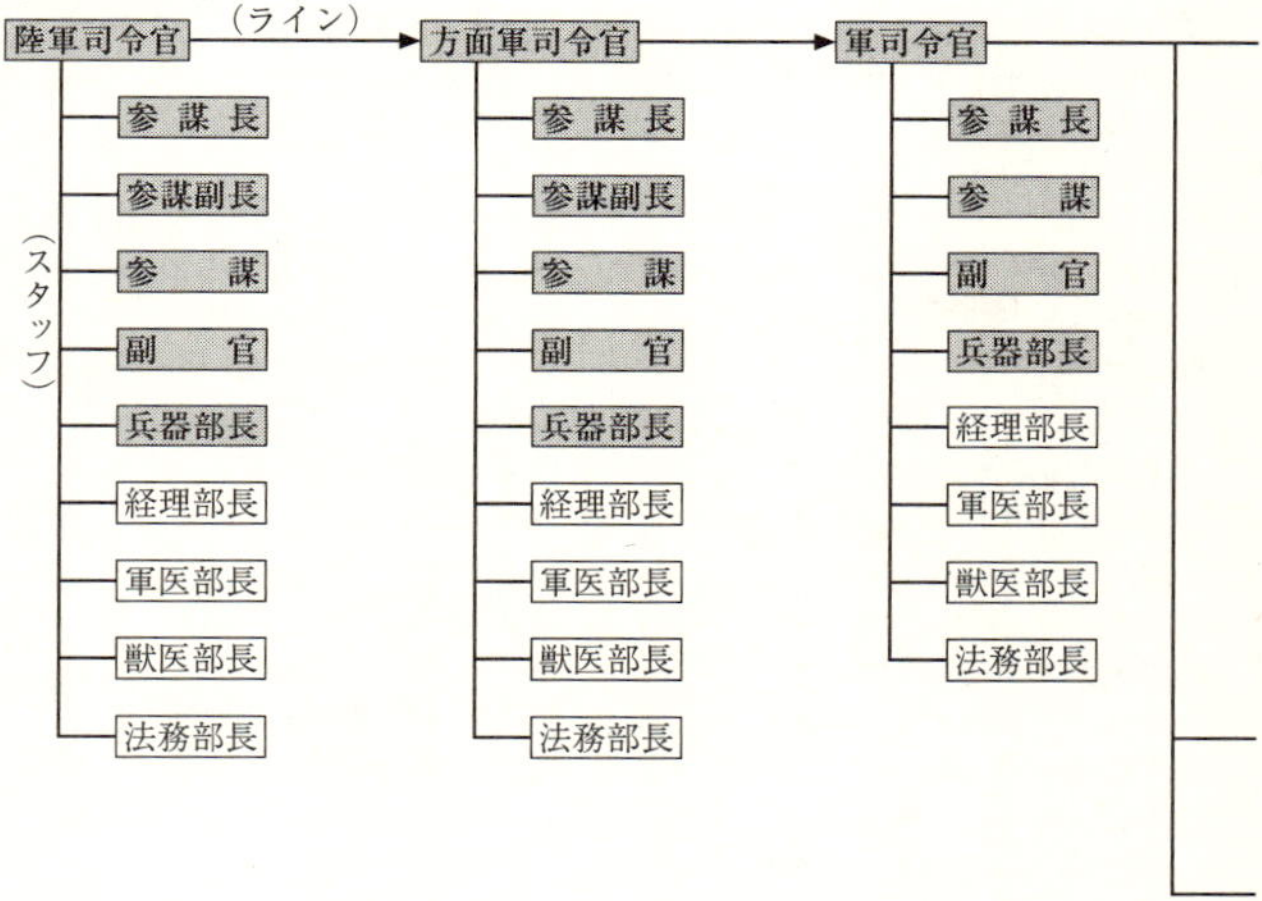

〔海軍（総軍）〕

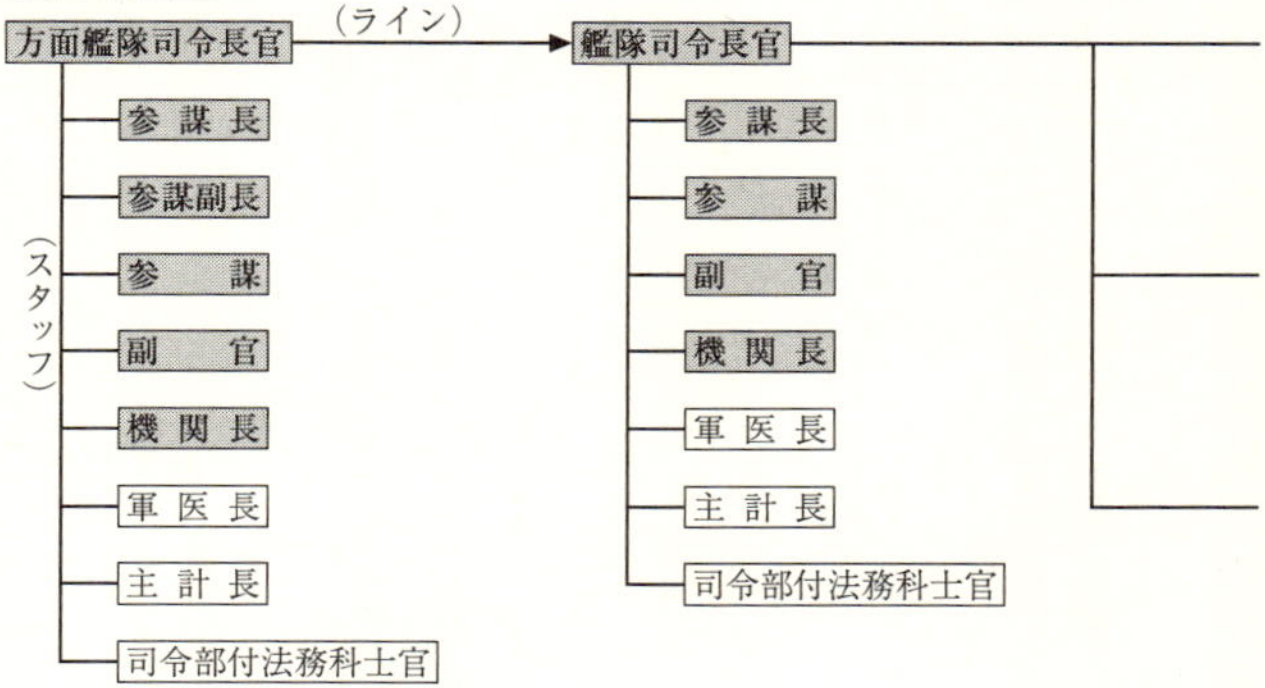

ヤ 行

ラ 行

ナ　行

ハ　行

マ　行

タ　行

サ　行

索　引

軍律法廷を理解するために必要な語句を項目に立て、拾ったが、網羅はしていない。

本書は、一九九七年一二月、朝日新聞社（現朝日新聞出版）より
「朝日選書」の一冊として刊行された。

十五年戦争小史　江口圭一

満州事変、日中戦争、アジア太平洋戦争を一連の「十五年戦争」と捉え、戦争拡大に向かう曲折にみちた過程を克明に描いた画期的通史。（加藤陽子）

たべもの起源事典　日本編　岡田哲

駅蕎麦・豚カツにやや珍しい郷土料理、レトルト食品・デパート食堂まで。広義の〈和〉のたべものと食文化事象一三〇〇項目収録。小腹のすく事典！

ラーメンの誕生　岡田哲

中国のめんは、いかにして「中華風の和食めん料理」へと発達を遂げたか。外来文化を吸収する日本人の情熱と知恵。丼の中の壮大なドラマに迫る。

京の社　岡田精司

旅気分で学べる神社の歴史。この本を片手に京都の有名寺社を巡れば、神々のありのままの姿が見えてくる。（佐々田悠）

山岡鉄舟先生正伝　小倉鉄樹／石津寛／牛山栄治

鉄舟から直接聞いたこと、同時代人として見聞きしたことを弟子がまとめた正伝。江戸無血開城の舞台裏など、リアルな幕末史が描かれる。（岩下哲典）

士（サムライ）の思想　笠谷和比古

中世に発する武家社会の展開とともに形成された日本型組織。「家（イエ）」を核にした組織特性と派生する諸問題について、日本近世史家が鋭く迫る。

戦国乱世を生きる力　神田千里

土一揆から宗教、天下人の在り方まで、この時代の現象はすべて民衆の姿と切り離せない。「乱世の真の主役としての民衆」に焦点をあてた戦国時代史。

三八式歩兵銃　加登川幸太郎

旅順の堅塁を白襷隊が突撃した時、特攻兵が敵艦に突入した時、日本陸軍は何をしたのであったか。元陸軍将校による渾身の興亡全史。（一ノ瀬俊也）

増補改訂　帝国陸軍機甲部隊　加登川幸太郎

第一次世界大戦で登場した近代戦車。本書はその導入から終焉を詳細史料と図版で追いつつ、世界に後れをとった日本帝国陸軍の道程を描く。（大木毅）

樺太一九四五年夏　金子俊男

突然のソ連参戦により地獄と化した旧日本領・南樺太。本書はその戦闘の壮絶さを伝える数少ない記録だ。長らく入手困難だった名著を文庫化。（清水潔）

わたしの城下町　木下直之

攻防の要である城は、明治以降、新たな価値を担い、日本人の心の拠り所として生き延びる。城と城のようなものを歩く著者の主著、ついに文庫に！

東京の下層社会　紀田順一郎

性急な近代化の陰で生みだされた都市の下層民。落伍者として捨て去られた彼らの実態に迫り、日本人の人間観の歪みを焙りだす。（長山靖生）

外政家としての大久保利通　清沢洌

北京談判に際し、大久保は全責任を負い困難な交渉に当たった。その外交の全容を、太平洋戦争下の現実政治への弾劾を秘めて描く。（瀧井一博）

独立自尊　北岡伸一

国家の発展に必要なものとは何か——。福沢諭吉は生涯をかけてこの課題に挑んだ。今こそ振り返るべき思想を明らかにした画期的福沢伝。（細谷雄一）

賤民とは何か　喜田貞吉

非人、河原者、乞胸、奴婢、声聞師……。差別と被差別の根源的構造を歴史的に考察する賤民研究の決定版。『賤民概説』他六篇収録。（塩見鮮一郎）

増補 絵画史料で歴史を読む　黒田日出男

歴史学は文献研究だけではない。絵巻・曼荼羅・肖像画など過去の絵画を史料として読み解き、斬新な手法で日本史を掘り下げた一冊。（三浦篤）

滞日十年（上）　ジョセフ・C・グルー　石川欣一訳

日米開戦にいたるまでの激動の十年、どのような外交交渉が行われたのか。駐日アメリカ大使による貴重な記録。上巻は１９３２年から１９３９年まで。

滞日十年（下）　ジョセフ・C・グルー　石川欣一訳

知日派の駐日大使グルーは日米開戦の回避に奔走。下巻は、ついに日米が戦端を開き、１９４２年、戦時交換船で帰国するまでの迫真の記録。（保阪正康）

荘園の人々　工藤敬一

人々のドラマを通して荘園の実態を解き明かした画期的な入門書。日本の社会構造の根幹を形作った制度を、すっきり理解する。（高橋典幸）

東京裁判　幻の弁護側資料　小堀桂一郎編

我々は東京裁判の真実を知っているのか？　準備されたものの未提出に終わった膨大な裁判資料から18篇を精選。緻密な解説とともに裁判の虚構に迫る。

一揆の原理　呉座勇一

虐げられた民衆たちの決死の抵抗として語られてきた一揆。だがそれは戦後歴史学が生んだ幻想にすぎない。これまでの通俗的理解を覆す痛快な一揆論！

甲陽軍鑑　佐藤正英校訂・訳

武田信玄と甲州武士団の思想と行動の集大成。大部から、山本勘助の物語や川中島の合戦など、その白眉を収録。新校訂の原文に現代語訳を付す。

機関銃下の首相官邸　迫水久常

二・二六事件では叛乱軍を欺いて岡田首相を救出し、終戦時には鈴木首相を支えた著者が明かす、天皇・軍部・内閣をめぐる迫真の秘話記録。（井上寿一）

増補　八月十五日の神話　佐藤卓己

ポツダム宣言を受諾した「八月十四日」や降伏文書に調印した「九月二日」でなく、「終戦」はなぜ「八月十五日」なのか。「戦後」の起点の謎を解く。

日本商人の源流　佐々木銀弥

第一人者による日本商業史入門。律令制に端を発する供御人や駕輿丁から戦国時代の豪商までを一望し、日本経済の形成を時系列でたどる。（中島圭一）

記録　ミッドウェー海戦　澤地久枝

ミッドウェー海戦での日米の戦死者を突き止め、手紙やインタビューを通じて彼らと遺族の声を拾い上げた圧巻の記録。調査資料を付す。（戸高一成）

考古学と古代史のあいだ　白石太一郎

巨大古墳、倭国、卑弥呼。多くの謎につつまれた日本の古代。考古学と古代史学の交差する視点からその謎を解明するスリリングな論考。（森下章司）

江戸はこうして造られた　鈴木理生
家康江戸入り後の百年間は謎に包まれている。海岸部へ進出し、河川や自然地形をたくみに生かした都市の草創期を復原する。（野口武彦）

増補 革命的な、あまりに革命的な　絓《すが》秀実
「一九六八年の革命は「勝利」し続けている」とは何を意味するのか。ニューレフトの諸潮流を丹念に跡づけた批評家の主著、増補文庫化！（王寺賢太）

考古学はどんな学問か　鈴木公雄
物的証拠から過去の行為を復元する考古学は時に歴史的通説をも覆す。犯罪捜査さながらにスリリングな学問の魅力を味わう最高の入門書。（櫻井準也）

戦国の城を歩く　千田嘉博
室町時代の館から戦国の山城へ、そして信長の安土城へ。城跡を歩いて、その形の変化を読み、新しい中世の歴史像に迫る。（小島道裕）

増補 海洋国家日本の戦後史　宮城大蔵
戦後アジアの巨大な変貌の背後には、開発と経済成長という日本の「非政治」的な戦略があった。海域アジアの戦後史に果たした日本の軌跡をたどる。

日本の外交　添谷芳秀
憲法九条と日米安保条約に根差した戦後外交。それがもたらした国家像の決定的な分裂をどう乗り越えるか。戦後史を読みなおし、その実像と展望を示す。

性愛の日本中世　田中貴子
稚児を愛した僧侶、「愛法」を求めて稲荷山にもうでる貴族の姫君。中世の性愛信仰・説話を介して、日本のエロスの歴史を覗く。（川村邦光）

琉球の時代　高良倉吉
いまだ多くの謎に包まれた古琉球王国。成立の秘密や、壮大な交易ルートにより花開いた独特の文化を探り、悲劇と栄光の歴史ドラマに迫る。（与那原恵）

博徒の幕末維新　高橋敏
黒船来航の動乱期、アウトローたちが歴史の表舞台に躍り出てくる。虚実を腑分けし、稗史を歴史の中に位置付けなおした記念碑的労作。（鹿島茂）

増補 文明史のなかの明治憲法　瀧井一博

木戸孝允、大久保利通、伊藤博文、山県有朋らの西洋体験をもとに、立憲国家誕生のドラマを描く。角川財団学芸賞、大佛次郎論壇賞W受賞作の完全版。

朝鮮銀行　多田井喜生

植民地政策のもと設立された朝鮮銀行。その銀行券等の発行により、日本は内地経済破綻を防ぎつつ軍費調達ができた。隠れた実態を描く。（板谷敏彦）

百姓の江戸時代　田中圭一

百姓たちは自らの土地を所有し、織物や酒を生産・販売していた――庶民の活力にみちた前期資本主義社会として、江戸時代を読み直す。（荒木田岳）

近代日本とアジア　坂野潤治

近代日本外交は、脱亜論とアジア主義の対立構図により描かれてきた。そうした理解が虚像であることを精緻な史料読解で暴いた記念碑的論考。（苅部直）

日本大空襲　原田良次

帝都防衛を担った兵士がひそかに綴った日記。各地の空爆被害、斃れゆく戦友への思い、そして国への疑念……空襲の実像を示す第一級資料。（吉田裕）

平賀源内　芳賀徹

物産学、戯作、エレキテル復元など多彩に活躍した平賀源内。豊かなヴィジョンと試行錯誤、そして失意からなる「非常の人」の生涯を描く。（稲賀繁美）

陸軍将校の教育社会史（上）　広田照幸

戦時体制を支えた精神構造は、「滅私奉公」ではなく「活私奉公」だった。第19回サントリー学芸賞を受賞した歴史社会学の金字塔、待望の文庫化！

陸軍将校の教育社会史（下）　広田照幸

陸軍将校とは、いったいいかなる人びとだったのか。前提とされていた「内面化」の図式を覆し、「教育社会史」という研究領域を切り拓いた傑作。

餓死《うえじに》した英霊たち　藤原彰

第二次大戦で死没した日本兵の大半は飢餓や栄養失調によるものだった。彼らのあまりに悲惨な最期を詳述し、その責任を問う告発の書。（一ノ瀬俊也）

ちくま学芸文庫

軍律法廷《ぐんりつほうてい》 戦時下《せんじか》の知《し》られざる「裁判《さいばん》」

二〇二五年四月十日 第一刷発行

著　者　北博昭（きた・ひろあき）
発行者　増田健史
発行所　株式会社　筑摩書房
東京都台東区蔵前二―五―三　〒一一一―八七五五
電話番号　〇三―五六八七―二六〇一（代表）
装幀者　安野光雅
印刷所　星野精版印刷株式会社
製本所　株式会社積信堂

ISBN978-4-480-51295-6 C0121